SENİN DOĞUM GÜNÜN NEDİR?

ERTUĞRUL YILDIRIM

SENİN DOĞUM GÜNÜN NEDİR?

Hokus-pokus!

Işte senin doğum günün

..

Takvim Cetveli Hesaplamaları.

Siz hangi gün doğdunuz?

Veya,verilen herhangi bir tarihin,gününü biliyor musunuz?
Kolay yoldan nasıl bulabilirsiniz?

Hemde hiç eski ve gelecek takvimlere bakmadan.

KITAP AÇIKLAMASI

Bu kitapta,bir insanın kendisinin (yada sevdiklerinin) "doğum gününü" bulmasına yardımcı olacak ,çok kolay bir formül vardır. Bu kitaptaki formül,sadece "doğum günlerini" değil,("milattan önce" ve "milattan sonra"),herhangi bir tarihin gününü de bulmaya yardımcı olacaktır. Özellikle de çocuk ve gençlerin "eğitim zekalarını" sınayacak ve tarihe eğlenceli bir göz ile bakmalarını sağlayacaktır. Bu çalışmanın sadece çocuk ve gençlerin değil,ayrıca yetişkinlerinde ,birer eğlence kaynağı olacağına inanıyorum. Çevrenizdeki (çocuklar,anne,baba,eş,dost,arkadaş,akraba ve komşularınız gibi vs vs) tanıdıklarınız yada sevdiklerinizin doğum günlerini,(zihinden yada küçük bir tabloya bakarak) bulduğunuzda,(onların yaşayacağı "şaşkınlık" ve sizin yaşayacağınız "hafif huzur"),ayrıca bir eğlence olacaktır.

"Doğum gününü" bilmeyen ,her insan merak etmiştir *("Acaba,benim "doğum günüm" nedir?)* diye. Bir insanın "doğum gününüzü" öğrenmesi,o kadar önemli bir şey olmayabilir. Ama **"astroloji"** teriminde ,**"kişinin doğum günü"**,çok önemli bir yere sahiptir. Çünkü,"doğum günleri",kişilerin "doğumundan ölümüne" kadar geçen sürede ,(yaşayabileceği her türlü olumlu yada olumsuz gelişmeleri) işaret edebilir. Ve bu olumlu yada olumsuz gelişmeleri,sizlere gösterebilir. O yüzden,kişilerin kendi "doğum günlerini" bilmeleri önemlidir.

Sadece "doğum günleri" değil. "Geçmiş yada gelecek" zamanlara ait ,"verilen herhangi bir tarihin gününü de" bilmek ve öğrenmek,belki eğlence açısından ,insana hoş bir durum verebilir.

SENİN DOĞUM GÜNÜN NEDİR?

BIYOGRAFI VE ÖZET

Sevgili okuyucularım.

Merhaba.

Ben İzmir doğumluyum. Verilen herhangi bir tarihin "gününü bulma" işlemi çalışmasını,("2007-2011" tarihleri arasında gerçekleştirdim. Aslında bu benim "**ilk kitap**" çalışmam idi. Buna rağmen,"**maddi imkansızlıklar**" nedeni ile ,değerli çalışmamı "kitap" haline getiremedim. Ancak,"internet ortamı" sayesinde artık çalışmalarımı,"sevgili okuyucularım" ile paylaşıyorum.

Bilindiği gibi artık "**gün bulma**" işlemleri,(internet ortamı,bir takım uygulamalar ve "tv,uydu" gibi cihazların içerisinde bulunan "takvimler" ile çok kolay bir hale gelmiştir. Ancak,"**gün bulma**" işlemini ,bir takım "**matematiksel yollar**" ile,insanların kendileri bulmaları ise bu işin "eğlenceli tarafı" olmuştur.

İşte ben de azimli bir çalışma ile "gün bulma" işlemini,"sevgili okuyucularımın" ,(zihinden dahi bulabilecekleri) bir hale getirmeye çalıştım. "**Gün bulma**" işlemini,"her okuyucu anlayabilsin" diye,detaylarına kadar anlatmaya gayret gösterdim. Ve anlaşılır bir hale getirmeye çalıştım. Buna rağmen,biraz karışık olmuş olabilir. Ben daha da anlaşılması için tablolar yaptım.

Sizler de "azim ve kararlılık" ile bu kitapta yazılanları öğrenebilirsiniz. Ve rahatlık ile "gün bulma" işlemlerini ,(ister "zihniniz (aklınız)" ile ister ise "tablolar "ile) gerçekleştirebilirsiniz.

"**Zihinden bulma**" işlemlerini yapabilir iseniz,(eşiniz,çocuklarınız,anne,baba,eş,dost,arkadaş vs vs) sevdiklerinize yada tanıdıklarınıza sürprizler yapabilir ve eğlenebilirsiniz.

Umarım,bu "gün bulma" çalışması,herkes için faydalı olur. Sevgi ve

SENİN DOĞUM GÜNÜN NEDİR?

saygılarımız ile. E.Y.

TEŞEKKÜR

Umarım çalışmamı beğenir,anlar ve bu çalışmadan faydalanırsınız. Umarım iyi eğlenirsiniz. Herşey için teşekkür ederim. E.Y.

SENİN DOĞUM GÜNÜN NEDİR?

DIZIN

Senin doğum günün ne? (2)
Kitap Açıklaması (5)
Biyografi ve Özet (6)
Teşekkür (8)

1.Bölüm (10)
Giriş
Gün Bulma uygulamalarına

2.Bölüm (26)
Takvim cetveli hesaplamaları

3.Bölüm (127)
Bazı enteresan hesaplamalar
Takvim Cetveli sisteminin,DNA ve ATOM sistemlerine olan benzerliği
Hicri-Miladi takvimlerin birbirlerine çevrilmesi
Bu da bizden kıyamet alametleri

Kaynaklar (146)
İçindekiler (147)

SENİN DOĞUM GÜNÜN NEDİR?

I. BÖLÜM

GİRİŞ

"Gün Bulma" Uygulamaları

Siz hangi gün doğdunuz?

Veya,verilen herhangi bir tarihin,gününü biliyor musunuz? Kolay yoldan nasıl bulabilirsiniz?

Hem de hiç "eski veya gelecek" olan takvimlere bakmadan.

Şimdi,bunları öğreneceğiz. Ama şimdi bir kaç örnekler vererek hesaplamalar yapalım. Bakalım kolay yoldan verilen herhangi bir tarihin gününü bulabilecek miyiz?

Mesela;

- 27 Nisan 1954 tarihi hangi güne denk gelmektedir?

Eğer o günde doğmadıysanız,eski takvimlere bakmadan,bunu nereden bileceksiniz? Kaldıki o tarihte doğsanız bile,gününü bilmeyenlerdende olabilirssiniz.

Bakın size,bunun kolay bir formülünü yada halk diliyle "kolay yolunu" göstereyim;

SENİN DOĞUM GÜNÜN NEDİR?

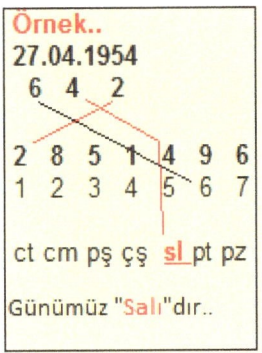

Tablo 1:

- 27 Nisan 1954 *tarihinin günü* **"salıdır."**

İnanmıyorsanız,eski takvimlere bakabilirsiniz. Ne kadar kolay,ne kadar basit bir şey değil mi? Aslına bakarsanız,biraz kafanız karıştı.

(- Gün isimlerini anladıkta,o sayılarda neyin nesi?) diye söylediğinizi duyar gibiyim. Bunun farkındayım. Ama bu işi öğrendiğinizde,ne kadar kolay olduğunu fark edeceksiniz. Bundan eminim..

Şimdide gelecekten,bir örnek daha verelim;

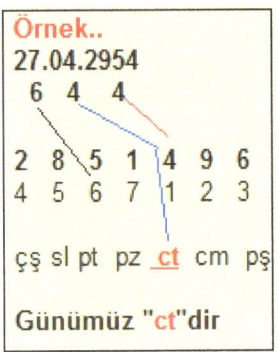

Tablo 2:

SENİN DOĞUM GÜNÜN NEDİR?

*- Gelecekten verdiğimiz,(**27 Nisan 2954** tarihinin günü ise "**cumartesidir."**)*

(- Oh,ne ala dünya! Vur patlasın,çal oynasın! Ne kadar kolay ve ne kadar basitmiş değil mi?)

Peki,bu nasıl olmaktadır?

- Takvimlere bile bakmadan! Verilen herhangi bir tarihin günü,nasıl böyle kafadan kolaylıkla bulunabilmektedir? Hem de bir takım formüller ile.

Sevgili okuyucularım.

Bunun nasıl olduğunu,detaylarına kadar size açıklayacağım. Çünkü,herkesin bunu bilmesi doğal olarak hem beni hemde sizi çok sevindirecektir. **Elbette bu kolay olmamıştır.** Bu formülü hazırlamam,böyle basite indirgemem benim yaklaşık 2-3 senemi almıştır. Yani anlayacağınız,bunun için aşağı yukarı tam 2-3 senedir uğraştım. Ve meyvelerinide (**2010 Nisan -Mayıs**) aylarında almaya başladım. Şimdi,böyle basit bir şekilde geçmiş ve gelecek tarihlerin günerini kolaylıkla bulabiliyordum.

Şimdi,bunun nasıl olduğunu sizlere açıklıcam. Sizlerinde bunu tam olarak anlayabilmeniz (ve uygulayabilmeniz) için, en başından - en sonuna (yani detaylarına) kadar bir çok formül ve tablolar ile anlatmaya gayret edeceğim. Önce,buluşların bulunmasına yardımcı olan "**merak**" konusuna ,değinerek başlamak istiyorum;

*Önce Meraklanmak..

Siz hiç,"doğduğunuz gününüzü" biliyor musunuz? Bilenleriniz mutlaka vardır,ama bilmeyenlerinizin çok sayıda olduğunu da tahmin edebiliyorum.

Peki,ya *(geçmişten yada gelecekten verilen herhangi bir tarihin gününü biliyor*

SENİN DOĞUM GÜNÜN NEDİR?

musunuz? Yada o günü bulabilir misiniz?)

Ne kadar,saçma ve sıradan birşey gibi gözüküyor,değil mi?

(*"Bilipte ne yapacağız? Çok mu önemli,o tarihin gününü yada doğum günümüzü öğrenmek? Sanki çok mu zengin olacağız? Devlet dairelerinde doğum günümüzü mü öğrenmek istiyorlar?"*) gibi haklı olarak,aklınızda böyle şeyler geçiriyorsunuzdur.

Evet,doğrudur. (**Bir insanın kendisinin** yada **bir başkasının doğum gününü** yada **verilen herhangi bir tarihin hangi güne denk geldiğini öğrenmesi**) ,o kadar önemli birşey değildir.

Peki,ya MERAK! İnsan hiç mi,merak etmez böyle şeyleri? Bir insanın merakı yoksa, araştırma ruhuda sağlıklı bir şekilde yoktur diyebiliriz. Merak etmeden,bir işin kolaylığını (buluşunu) nasıl düşüneceksiniz?

Merak yoksa,düşüncede yoktur. Düşünce yoksa,araştırmada yoktur. Araştırma yoksa,zor olan tüm işlerin kolaylığınıda bulmak,o buluşları yapmakta yoktur. Kısaca merak yoksa, yaşamda yoktur/o yaşam yokmuş gibi gelir size. Herşey bomboş gibi..

Öğle değil mi? Yanlış mı söylüyorum? Bazı kimselerin;

(- Koçum,fazla merak iyi değildir! Bir insanın başına ne gelirse,fazla meraktan gelir.) diye söylediklerine şahit olmuşsunuzdur. Evet, bir bakıma **"o fazla merak"**,bazen insanların başına olmadık işler açabilir. (Amacından (yolundan) biraz sapıldığında yada o merakın ne olduğunu doğru dürüst tam olarak bilmeden,o merakın peşine takılındığında) vs vs.gibi durumlarda işte o **"fazla merak"** insana her bakımdan zarar verebilir.

SENİN DOĞUM GÜNÜN NEDİR?

Peki ne yapacağız?

"**Meraklanmak**" yasaklansın mı? Elbette hayır;daha öncede belirttik,merak yoksa adeta yaşamın kolay yolunu bulmakta yoktur. Dinimiz bile ("zorlaştırmayın kolaylaştırınız") derken,biz nasıl bu işleri kolaylaştırmaya çalışmayız. Ama bunun için önce düşünmek gerekiyor. Düşünebilmek içinde önce "insanın meraklanması"gerekiyor. Merak olmadan bir insanın düşünmesi,bir şeylere yönlenmesi biraz zordur. Değil mi?

Öyleyse,meraklanacağız ama işin suyunu kaçırmadan. O merakın ne olduğunu bilerek ve bilinçli hareket ederek. "**İşleri kolaylaştırma**" uygulamalarına başlayıp-devam edeceğiz. İşte ben de "**doğum günüm neydi?**" merakımın peşine takılanlardan oldum. Elbette sizlerde zaman zaman bu meraka ortak olmuşsunuzdur.

Verilen bir tarihin günü kısa yoldan nasıl bulunabilir?

Şimdi sizlere onun basite indirgenmiş formülünü göstereceğim. Ama isterseniz önce gelin,bu takvimin tarihine kısaca bir göz atalım.

Miladi Takvimin Tarihi..

*Yunanlılar,Kronos,un (**zaman tanrısı**) amansız olduğunu çok iyi biliyorlardı. Zaman tanrısının ilerleyişinde,onlara göre bir geri dönülmezlik vardı. Bu nedenle ona,biraz kafa tutmak yada zamanın sürekli akışında yerini ve yordamını belirlemek için,bir düzenleme yapmak gerekiyordu.

- Böylece insanoğlu,yavaş yavaş günlerin artarda gelişini belirten cetveller oluşturmaya ve takvimler hazırlamaya başladı. Hesaplama,çeşitli biçimlerde yapıldı. Ve günümüzde benimsenen (**güneş**),(**ay**) ve de (**ay-güneş**) takvimleri ortaya çıktı. Bunlar;

- Yer'in (dünyanın),güneş çevresinde dönmesine (**tropikal yıl:** 365 gün,5 saat,48 dk,46 sn)

14

SENİN DOĞUM GÜNÜN NEDİR?

- **"Ay,ın evrelerine"** yada her ikisine birden dayandırılmıştı;

* Günümüzde kullanılan takvim,başlangıçta 365 günden oluşuyordu. Nitekim Mısırlılar ve Persler;
(30 günlük 12 ay) sayıyor. Buna ayrıca (5 gün) daha ekliyorlardı.

- Ama hesaplanmamış olan çeyrek gün, (4 yıl sonunda,**1 günlük farka**) yol açıyordu. Her 4 yılda bir, bu günü de eklemek gerekmekteydi.

- İsa'dan önce 45 yılında ,**Jül Sezar** (bir reform) ile bunu gerçekleştirdi. Böylece,(Şubatın 28 gün yerine 29 gün sayıldığı,366 günlük **artık yıllar**) ,onun yönetiminde uygulandı.

- Ama,1 yılda tam olarak 1/4 gün fazlalığı olmadığı için,Ortaçağ'da mevsim çevrimlerine oranla takvimin ,önemli ölçüde **10 gün geri** kaldığı görüldü.

- Bu neden ile,1582,de **Papa Gregorius XVIII (13.)** tarafından,2. bir reform ile gecikmeyi kapatmak için,(*4 Ekim 1582 pş gününden,15 Ekim 1582 cm gününe*)geçilerek,**her Yüz Yıl (yy) sonu,artık yılların dördünden üçünün (4/3) sayılmamasına karar verildi.**

- Böylece,**Ortodoks** klisesinin günümüzde benimsemeyi sürdürdüğü **"Jülyen takvimi**nden" daha yaygın olarak kabul edilen **"Gregoryen takvimi**ne" geçildi. Bu ikinci takvimi, en son benimseyen ülkeler,1918,de **Rusya** ve 1923,te **Yunanistandır.**

- Genede küçük bir fark kalmıştır. Ama bu,bir kaç bin yıllık süreler için geçerlidir ve önemli sayılmaz.

- Daha başka takvimlerde vardır. Bazı ülkelerde,günümüzde bilinen bu özgün ama pek kullanışlı olmayan takvimler uygulanır. **Aztek** ve **Mayaların** yılı, (20 günlük,18 aydan) oluşuyordu. Onların dilinden,bugün kesinlikle bildiğimiz bir kaç sözcük de zaten bu ayların adlarıdır.

- İsraillilerin **Ay takvimi**,(353-355 ve 383-385 günlük) yıllara bağlı olarak, (29-30 günlük,12-13 aydan) oluşur.

SENİN DOĞUM GÜNÜN NEDİR?

- **İslam takvimi**de buna benzer ama **başlangıç noktası** değişiktir. Bu nedenle de,(İsrail takviminde sözgelimi **(1972) yılı** ; (5732) yılına; İslam takviminde ise (1391) yılına denk gelir.

Ayları eşit,tarihleri de kesin duruma getirmek için ,bir çok **takvim reformu** önerilmiş ama hiçbiri sonuç vermemiştir. Bunun nedeni de daha çok;(dinsel,ailesel (yıldönümleri) ve bankacılığa ilişkin alışkanlık ve uygulamaları) altüst etme olasılığını taşımaları ve üstelik kesin yararlarda sağlamamalarıdır.

- Yıl ne olursa olsun,belli bir tarihte,bir günün adının ve kaçıncı gün olduğunun bulunmasını sağlayan sürekli takvimse,küçük bir hüner ürünüdür.." (Gençlik Ansiklopedisi,9.cild,2330.syf   )

Takvim evrelerinin hesaplanması (Eklemeler)

Ay Evrelerinin Hesaplanması;

Ay	Gün x Adet = Toplam Gün
4,6,9,11	= 30 x 4 = 120
1,3,5,7,8,10,12	= 31 x 7 = 217
2	= 28 x 1 = 28

Toplam:
120 + 217 + 28 = 365 gün..

Saat Farkının Hesaplanması:
1 yılda 5 saat 48 dk 46 sn varsa;
4 " 23 " 15 " 4 " olur.

46 sn x 4 yıl = 184 sn : 60 sn = 3 dk 4 sn
48 dk x 4 yıl = 192 dk : 60 dk = 3 saat 12 dk
5 saat x 4 yıl = 20 saat

Toplam:
3 saat 12 dk + 3 dk 4 sn = 3 saat 15 dk 4 sn
3 saat 15 dk 4 sn + 20 saat = 23 saat 15 dk 4 sn
yapmaktadır..

Artık Yıl Meselesi..
< 15 - 4 = 11 gün >ileri alınmış oldu

Tablo 3:

*1 YY,da tam (**25 tane 29 çeken yıl**) vardır. Yani bu,(**25 tane 366 gün**) demektir. 25 tane 366 günde,1 gün fazlalığı var ise , (25 x 1 = **25 gün**) var,demektir.

- Her 4 yılda bir (**1 gün**); 1 YY,da ise (**25 gün**) demektir.
- 25 gün ise,30 günlük (1 ay'a) denktir. Bu da 1 YY,da (~1 aylık fazlalık "artık ay") var,demektir.

17

SENİN DOĞUM GÜNÜN NEDİR?

- 365 gün + 23 saat 15 dakika 4 saniye = ***365 gün 23 saat 15 dk 4 sn*** olur.
- 1 gün, 24 saat olduğundan; 23 saatlik zamanı ,1 gün olarak görür isek; bu zaman **(~366 gün)** olur.

Önemli Notlar:

Sevgili okuyucularım.

- Bu takvimde yaptığımız **takvim tabloları**,dünya tarafından kabul edilen ve halen kullanınan **Gregorgiyen takvimine** göre dizayn edildiği için, ("**gün bulma**") formüllerimiz de ona göre yapılmaktadır.

- Dolayısıyla,geçmiş zamanlarda sürekli olarak yapılan **takvim değişiklikleri** nedeni ile formülümüzde **geçmiş zamanlarda**,doğruluk açısından geçerli olmayabilir. Özelliklede en son yapılan takvimsel değişiklik **1582,den önceki** zamanlarda.

- 1582,den günümüze kadar olan zaman içerisinde, herhangi bir takvimsel değişiklik olmuş mudur? Orasını tam olarak bilmiyorum. Ama tahminime göre ,büyük bir olasılıkla olmamıştır. Çünkü,en son yapılan takvim değişikliğinden sonra kabul edilen **Gregorgiyen takvimi ,**halen bile dünya tarafından kullanılmaktadır. Öyleyse değişikliğe uğradığını pek tahmin etmiyorun. Ama tabiiki,bu işin asıl uzmanlarına bakmak gerekir. Onlar çok daha iyi bilirler. Değişiklik olmuş mu ,olmamış mı diye? Biz olmadığını varsayarak,günümüzde geçerliliğini koruyan bu takvime göre çalışmaları yapıp (tablo ve formülleri) bulmaya çalışacağız..

- Zaman içerisinde yapılan bu takvimsel değişiklikler büyük olasılıkla,o dönemlerde bazı hesaplamaları da altüst etmiş olabilir. Günümüzde de bu değişikliklerin yol açtığı ama tahmin bile edemeyeceğimiz sorunlarda çıkmış olabilir. Bunların araştırılması gerekir.

- Eski kahinlerin ,öngörüleri ve **"ebced-cifr hesapları"** ile yapılan tahminlerin de ,bu **"takvimsel değişikliklere"** takılmış olabileceğini ,burada söylemekte yarar vardır. Bazı söylenen ve yapılan tahminler ,zamanla doğru

18

çıkabilir. Ama tarih vermek konusunda, bu nedenden dolayı biraz zorluk yaşandığını tahmin etmek gerekir.

Mesela;

(*İsrail devletinin 2003,te yıkılacağı yada dünyanın sonunun geleceği*) gibi hesaplamalarda verilen tarihlerin ,doğru çıkmayışı gibi.

(*2012,de kıyametin kopacağı ve insanoğlunun* **Nirvana**,*ya (herşeyi beyin gücü ile halledebilen bir zihinsel güce) çıkacağı ve hatta 3.dünya savaşının bile çıkacağı* gibi) tahmin kehanetlerini de unutmamak gerekir.

Takvimsel değişiklikleri hesaba katarak verilen bu tarihleri ona göre değerlendirmekte fayda vardır diyorum.

- Şahsen ben tam olarak bu tür kahinsel tahminlerden falan anlamam. Ama takvimsel değişikliklerin yol açtığı artık yıllara (tahminime) göre, (*bir 10 yada 14 gün fazlalık nedeni ile YY açısından* (**10 yada 14 yıl**) *eklemek gerekebilir.*)

İsrail devletinin yıkılışı yada dünyanın sonu yada yeni başlangıç vs vs..

```
2003 + 10 = 2013 yada

2003 + 14 = 2017 gibi bir tarihler verilebilir.
```

Tablo 4:

- Yinede tam olarak doğru çıkar yada çıkabilir anlayışına kapılmamak gerekir. Nede olsa,bunlar birer hayal ürünü yada bizim bilmediğimiz ,bazı ayrıntılarda olabilir.

SENİN DOĞUM GÜNÜN NEDİR?

Nasıl Bulmuştum?

Sevgili okuyucularım. Şimdi formülümüzün ,"nasıl bir yol izlenerek" bulunduğunu açıklamaya çalışayım.

Takvim yaprakçığında,"gün bulma tablosu."

Bundan yıllar önce,(ki ;tam olarak hatırlayamıyorum ama) **"80,li yılların son yılları** (yada 90,lı yılların ilk yılları arasında) olması gerekiyor. Çocukluk ve gençlik yıllarımın dönemleri idi. Elime küçük bir takvim geçmişti. Orada,küçük ama güzel **"doğum gününüzü gösteren"** ve 1-2 tablodan oluşan bir cetvel vardı:

Bugün benim yaptığıma benzer, basit ve kolay tablolardan oluşuyordu. Fakat o cetvelle,hatırladığım kadarı ile sadece (**1900 ile 1999**) yılına kadar olan yılların tablosu çıkartılmıştı. (**1800 ve 1700,lü yüz yıllar**) gibi geriye dönük,geçmiş eski yüzyıllara ait ,tarihler yoktu. Kaldı ki,takvimin ismini dahi bilmiyorum. Ama sanmıyorsam, **"dini içerikli"** bir takvim idi.

1900,lü yılların herhangi bir tarihinde doğanlar,bu cetvele bakarak kendi doğum gününü bulabiliyordu. 2000,li yıllardaki hesaplamalar ise doğru çıkmıyordu. Bunun nedenini anlayamamıştım. Gerçi,o zaman çocuk aklı ile bu gibi zeka gerektirecek şeyleri tam olarak düşünebilmek biraz zordu. Zaten, takvimde de (**2000,li yıllara kadar geçerlidir.**) diye özellikle belirtilmişti.

Bu cetvel,belki bana (gün bulma ve formül tabloları yapma) konusunda ilham vermiş olabilir. Ama inanın,o cetvelin nasıl oluştuğu ve nasıl bir yapıya sahip olduğunu dahi tam olarak hatırlayamıyordum.

Zaten bu nedenden dolayı,**sil baştan** yapıp-takvimlere bakarak,"**gün bulma"** ile ilgili (cetvel (tablo) ve formülleri) çıkartmaya başlamıştım. Öyle başladım ki buna,o takvimdeki cetveli bile aşmıştım. Ve hatta daha derinlere giderek ,(**milattan önce** ve **milattan sonra**) tarihleri bile bu tablolarımıza eklemiştim. (**"En kısa yoldan ,gün bulabilme"**) formüllerine kadar indirgeyebilmiştim. Yani bu tabloları,formülleri ile birlikte iyice zenginleştirilmiş hale getirmiştim..

SENİN DOĞUM GÜNÜN NEDİR?

Benzer tabloların olması durumu.

Sevgili okuyucularım.

Eğer,bu tabloların benzerliği konusunda ortaya bir iddia atılır ise,sanmıyorsam sadece (o 1-2 tablodan oluşan, **"basit içerikli tablolar"**) geçerli olabilir. Ama **daha geniş içerikli** (formüller ve diğer zenginleştirilmiş tablolar) konusunda,daha önce böyle bir şeyler yapıldığını pek sanmıyorum. Yani bunlar ile ilgili en ufak kanıtlayıcı bir (bilgi ve belgelere) sahip olunduğunu pek tahmin etmiyorum.

Olur ya,insanlık halidir. Birileri çıkar da,(*"- Vay efendim! Bu benim çalışmamdır. Sen nasıl çalarsın?"*) gibi bir iddia da bulunmak ister ise,kendi çalışmasına ait olduğunu (bu çalışmaya ait *"bilgi,belge ve diğer meteryal ve verileri"*) ile birlikte kanıtlamasıda gerekir. Yani,(benim çalışmam ile **birebir örtüşmesi**) gerekir. Tarihleri ile birlikte. Benim çalışma tarihinden önce yapılan bir çalışma ve bu *"bilgi,belge ve diğer meteryal ve veriler"* kanıtlanır ise ,**"ben, hapse girmeye"** bile razı olurum. Bu **"yazarlık"** mesleğini ,hemen bırakırım.

Bunları (kibir) olsun diye söylemiyorum. Elbetteki,bunlar "yapılamayacak" şeyler değil. İstenilir ise herkes,bu çalışmayı yapabilir. Hatta **"daha iyisini"** bile yapabilir. Ve yapıldığını da gördüm. Benim anlatmak istediğim şey ,sadece bu **"çalışmaya özgü"** (bilgi,belge ve diğer meteryal ve verilerin) başkalarında da olup-olmadığını söylemek istememdir.

Bir de şunları söyleyeyim.

1. Sosyal medyada,(**gün bulma**) ile ilgili çok sayıda çalışma (**formül ve tablolar**) bulunuyor. Çalışma bittikten sonra (2010-2011 yıllarında) internet ortamına baktım. İlk zamanlarda bu konuda pek bir şey bulamamıştım. Belki doğru dürüst bir araştırma yapmamış da olabilirim. Bilemiyorum. Ama 2013 ve 2014 tarihleri arasında tekrar baktığımda,(gün bulma) ile ilgili çok sayıda (formül ve tablolar) ile karşılaştım. Tabii ki de,çok şaşırdım. Meğersem,(**gün bulma**) ile ilgili (takvim çalışmasını) ,sadece ben yapmıyormuşum.

O çalışmaların çoğuna da baktım. Benim çalışmamdan ,"**çok farklı**" idiler. Ama gayet ,"**başarılı çalışmalar**" olmuş. Kısa yollardan,(verilen bir tarihin,herhangi bir günü) bulunabiliyordu.

Gerçi,bu (**formüller ve tablolar**) nasıl bulunmuştu? Bu çalışma ile ilgili "**detaylı bilgiler**" yoktu. Ama benim,kitap haline getirdiğim bu çalışmamda ise baştan sona kadar ,"detaylı bilgiler" var. Ben bunları açıkladım. Çünkü,herkesin bu çalışmayı (detaylarına kadar) bilmesini istedim. Bu çalışmalardan faydalanarak,,onlarında başka yeni yeni " **icat ve buluşlar**" bulmalarını arzu ettim.

Bir de buraya not ekleyeyim.

Geçmiş yada gelecekte verilen herhangi bir tarihin "**gününü bulma**" işlemi,internet ortamında artık "**çocuk oyuncağı**" haline geldi. Bazı internet siteleri,(gün bulma) hizmetini ,ücretsiz olarak herkese veriyor. Ve bazı uygulamalar ile de,bu hizmet ,"internet olmadan da", (evde,işyerinde ve her yerde) kullanılabiliyor.

Hatta (**windows,linux**) gibi pek çok "işletim sistemlerinde", ve pek çok "tv ve uydu gibi" cihazlarda da "**takvim özelliği**" mevcut. Bu "**takvim özelliği**" kullanılarak,(istenilen bir tarihin günü ,rahatlık ile bulunabiliyor.)

Bu açıdan bakıldığında,bu çalışmaların ,hiç bir değerinin olmadığı düşünülebilir. Halbu ki,tam tersi. Bence bu çalışmaların bir değeri vardır. Hiç değil ise,bir emek verilmiştir. (**Emeğe saygı**!) Sözü,boşuna söylenmemiştir.

2. O küçük takvim yaprakçığını istese idim söylemeyebilirdim. Ve (" - **Bunların hepsi bana aittir.** ") diyebilirdim. Ama öyle yapmadım. "*Kimsenin kimsede hakkı kalmasın*" diye,(bana ,"ilham verdiğini" düşündüğüm ve o takvim yaprakçığında da böyle bir şeyin olduğunu) açıkça beyan ettim. Ancak ismini hatırlayamadığım için ismini veremedim.

Her neyse! Sevgili okuyucularım.

Ben o zaman bir hesap yapmış ve o cetvelden kendi doğum günümü bulmuştum. Bana,**"kendi doğum günümü bulmak** ve **o günde doğduğumu bilmek"**, çok tuhaf gelmişti.

Daha sonra,o takvimi sakladım. **"Belki ileride lazım olur",**diye. Aradan (onca zaman,onca yıllar) geçti. Taşındık. Hayat değişince ,sizlerde mecburen değişmek zorunda kalıyorsunuz. Yeni yeni şeyler almışsınız. Eskileri atmış (yada satmış), yada ihtiyacı olanlara vermişsiniz.

Ve bir gün. İşte şu son 2-3 yıl öncesinde (2007),aklıma **("Benim doğum günüm neydi?")** diye, tekrar bir merak sardı? Biliyordum ama herşeyi unutmuştum. Hemen aklıma,o cetvel geldi. Onu saklamıştım. (**Peki nerede bu?**) diye ,arayıp-durdum. Yok,yok! Bulamamıştım..

Nüfus cüzdanlarına (kimliklere) eklenmesi gerekenler.

Aslına bakarsanız. İşte bu nedenlerden dolayı nüfus cüzdanlarına (”**doğum günü ve saatinin")** hatta **"doğduğu yerin"** (hem **şehir** hemde doğduğu anda bulunduğu yer(mesela hastane gibi,evde gibi vs vs yer) olarak "**doğduğu andaki yerin konumunun**" "**koordinatlarının**" işenmemesi, gerçekten gelecek nesiller için,(astronomi vs diğer fen-fizik ve uzay bilimlerinin) incelenmesi açısından son derece eksik bir durum olmuştur.

Nüfus cüzdanlarına,kişinin ”**doğum tarihi**” işlenirken,”**doğum günü,saati ve doğum anı,şehir ve yer koordinatlarının**”işlenmemesi,kişilerin bu yöndeki ihtiyaçlarınıda eksik hale getirmiştir.

Kim yada kimler,doğduğu günü tam olarak biliyor?

İnanın bana,**"çok az sayıda insanın"** bunu bilebileceğini tahmin ediyorum.

Çünkü bizde ,hem **böyle bir alışkanlık yok** ,hemde (“*Ne gereği var? Sanki devlet dairelerinde,bunlar mı isteniyor?*”) düşüncesi ile ,**nüfus cüzdanlarına** (gereksiz olduğu ve tabiiki yer olmadığı için) eklenmiyor.

SENİN DOĞUM GÜNÜN NEDİR?

Aslında eklenmesi gerekiyor.

Özelliklede (hastane,doğum evi,sağlık ocakları vs) doğumların gerçekleştiği yerlerde, ("**doğum tarihi**" ile birlikte,"**doğum günü,saati** ve doğum anındaki **şehir ve yer (konum) koordinatlarının**") resmi kayıtlara işlenmesi gerekir. Ki bu hizmetler ile ,kişilerin ileriki zamanlarda ,bunları istediğinde kolaylıkla elde edebilmesi gerekir.

Hatta mümkün ise,(kişinin,"**doğum anında, yanında bulunan**" ve kendisinin doğumuna yardımcı olan "**doktor-hemşire-ebe vs**" kim var ise o kişilerinde, "**isim-soy isimlerinin**") kayıt altına alınabilmelidir.

Çünkü,**klasik** veya **gelişmiş astronomide**,(kişilerin doğum anında bulunan kişilerin, hatta herhangi bir hayvanın bile ,o kişi üzerinde (iyi yada kötü yönde) ciddi **baskın etkileri** olabildiği) düşüncesi hakim.

Bu neden ile kişiler,(üzerlerindeki **olumlu** yada **olumsuz** baskın etkilerin,"nereden kaynaklandığını" bilmesi ve ona göre tedbirlerini alabilmesi) için,bu bilgilere sahip olması gerekir.

Devletler,bu yönde biran önce çalışmalar başlatmalı ve bu hizmeti vatandaşlarına sunmalıdır. Sanmıyorsam,dünya genelinde "**nüfus cüzdanlarının**", yakında (" kredi kartı" gibi ufak,hertürlü bilgiyi alabilecek) "**elektronik cipli manyetik kartlar**" ile değiştirilmesi ile ilgili bir çalışma başlatılmış. Eğer öyle ise,artık nüfus cüzdanlarında "**yer yok**", bahaneside kendiliğinden ortadan kalkmış olacaktır.

Her neyse!

O güzelim cetveli kaybetmiştim. Ama kaybettiğim bir taraftan da iyi olmuştu. Bununla ilgili "**araştırma ruhumu**" bana geri getirmişti. Nasıl olsa "**İş yok. Güç yok.**" "Tembel tembel" oturuyorduk. Yani, anlayacağınız "işsizdim ve biraz da rahatsızdım." Böyle boş boş oturacağımıza,bari **"beynimizi biraz çalıştıralım"** dedim. "Vatana ve millete" hayırlı bir şeyler üretelim ,dedim . İyi de yapmışım.

24

SENİN DOĞUM GÜNÜN NEDİR?

Derken,önce düşünmeye sonrada vızır vızır araştırmaya ve arı gibi çalışmaya başladım. ("Yahu benim doğum günüm ne idi?") diye.

İşte,şimdi (gün bulma) ile ilgili (formüller ve tabloların) nasıl bulunduğuna dair çalışmamı,sizler ile paylaşmak istiyorum.

2.BÖLÜM

Takvim Cetveli Hesaplamaları

İşte Takip Ettiğim Yol;

O zaman tarih 2007 yılı idi. Evde ve hasta idim. İster istemez,insanın canı sıkılıyordu. Hem ailevi hem de maddi ,ciddi sıkıntılar içerisinde idim. Maddi ve manevi olarak çökmüştüm. Evden dışarı çıkmıyordum. Çünkü,gidecek bir yeriniz de yok. Adımını attığınız yer,"**PARA**". Paranız yok ise,dışarıda "tuvalete bile" gidemezsiniz.

Her neyse! Evde,can sıkıntısı ile otururken,birden aklıma *(- Benim doğum günüm neydi?)* diye bir soru geldi. Biliyordum ama unutmuştum. Birden aklıma o **"takvim yaprakçığı"** geldi. Yukarıda anlattığım gibi,çok aramama rağmen onu bulamamıştım. İyice sinir olmuştum.

Sonra,(doğum günümün ne olduğunu) kendim bulmaya karar verdim. Ancak bu o kadar kolay değil idi. (Takvimleri birleştirmek,hesaplamalar yapmak,formüller ve tablolar hazırlamak.) Yani,bunlar öyle kolay şeyler değildi. Hele elinizin altında ,size yardımcı olacak ,(yardımcı malzemeleriniz) hiç yok ise. İşiniz daha zordur,o zaman.

Her neyse! Ancak ben karar vermiştim. Yani,kararlı idim. Bulacaktım,(kendi doğum günümü.) Ne pahasına olusa olsun! Dedim.

Ve önce önümde duran takvimi,iyice inceledim. "Ne var ne yok" diye. (**1,den 31,e kadar**),bir sürü sayılar. Karmakarışık şeyler.

(*"Yahu şimdi bunlarla mı uğraşacağız?"*) diye, dert yandım. Kendi kendime. Ama sonunda ,"kararlılığımı" daha da artırıcak ,"girişimlerde" bulunmaya başladım.

Takvime baktığımda, ((**1 hafta,da 7 gün**) olduğunu ve her ayın (**1 ile 31**)

26

arasında bir sayı ile başlayıp-bittiğini) gördüm. Ayların,günlerde olduğu gibi bir numarası da vardı. Şöyle idi.

AYLAR VE SAYILARI;	
Aylar	**Sayısı**
OCAK	1
ŞUBAT	2
MART	3
NİSAN	4
MAYIS	5
HAZİRAN	6
TEMMUZ	7
AĞUSTOS	8
EYLÜL	9
EKİM	10
KASIM	11
ARALIK	12

Tablo 5:

Tabii ki,tüm bunları sizler de biliyorsunuz. Ama daha sonra çok önemli (2 şey) daha farkettim;

* İşte bu farkettiğim bu 2 şey aslında "Takvim Cetveli Hesaplamalarında" ve tabii ki,(..doğum gününüzü veya tarihte verilen herhangi bir tarihin gününü) bulmada çığır açacak ve "olmaz ise olmaz" kuralının geçerli olduğu çok önemli,vazgeçilmez ama çok basit bir formüldü..

İlk farkettiğim şey;

- Her ayın 1 ile başlayan,ay başlangıçlarında;birden fazla olan **bazı ayların aynı güne** denk geliyor ve bazı ayların ise **tek başına** kalıyor olamasıydı. Yıl,o zaman 2007 ve sıralamasıda şöyle idi:

27

SENİN DOĞUM GÜNÜN NEDİR?

```
2007 Sıralaması:

1.10    aylar pazartesiye,
5       ay salıya,
8       ay çarşambaya,
2.3.11  aylar perşembeye,
6       ay cumaya,
9.12    aylar cumartesiye
4.7     aylar ise pazara,denk geliyordu.
```

Tablo 6:

Yani;yukarıdaki (*her bir sayının 1 ile başalayan başlangıçları,farklı günlere denk geliyordu.*) Bu çok önemli bir adımdı. Fakat hala eksik olan bir şey daha vardı. Bu sıralama,(gün bulmada),tek başına yeterli değildi. Bu yolla,gün bulunamıyordu. Eksik olan şeyi bulmamız gerekiyordu.

* (*- Acaba o eski yıllardada aynı sıralama var mıydı?*) diye o eksiği bulabilmemiz için,diğer eski geçmiş yıllara da bakıp-göz atmamız gerekiyordu. *("Sıralama aynı şekilde devam ediyor muydu?")* Bunu öğrenebilmenin tek yolu,"eski takvimlere" bakmaktı. Öyle de yaptım.

Ama önce **"eski takvimleri"** bulmam gerekiyordu. Arada bulasın,o eski takvimleri. Sadece "2000 yılına" kadar olan tavimleri bulabilmiştim. Bunları bulabilmek içinde bayağı zorlandım. Ne internet var,nede kütüphaneye gitmek gibi bir anlayışımız.

Kaldı ki,kütüphanelerde eski takvimleri gösterecek bir kitap yada herhangi bir şeyi dahi bulabileceğimi zannetmiyorum. Bulamayacağımdan değil,("o takvimlerin orada olmadığından") emin olduğum için zannetmiyorum. Kimin aklına gelecek,("..kütüphanelere,eski takvimleri yerleştirmek") diye uğraşmak. Keşke böyle bir hizmet olsa,ne güzel olurdu. Fakat bu seferde ("- *Kim ne yapacak ki,bu işe yaramaz eski takvimleri? Kim uğraşır böyle şeyler ile,kimse gelmez-gitmez")* anlayışı,haklı olarak hakim olacaktır.

SENİN DOĞUM GÜNÜN NEDİR?

İnternete gelince! Evimde 1-2 ay sonra iptal ettirdiğim (2007) o kampanyalı ama "pahalı internette" dolaşırken,bu konuya odaklanmış,"**eski takvimleri**" bulmaya çalışıyordum. İnanmayacaksınız ama bırakın "eski takvimleri",önümüzdeki geçmiş bir yılın (2006) takvimini dahi bulmakta zorluk çektim. Bilemiyorum,belkide vardır. Benim gözümden kaçmışta olabilir. Ama şahsen ben bulamadım,o eski takvimleri. Herhalde kimsenin işine yaramaz diye, uğraşmaya bile gerek görmemişlerdir yayınlamaya..

Her neyse! Yine "**klasik yöntemleri**" kullanmak zorunda kalmıştım. "Evde tek başına" (*o kitap,şu kitap! bu takvim,o takvim!*) diye diye en sonunda ,1998,e kadar olan takvimleri bulabilmiştim.

Bu takvimlerin hepsine (***ayların 1 ile başlayan başlangıçlarına***) tek tek baktım. İnanılmaz bir gerçek ile karşılaştım. Örneğin,

- 2007,den önceki sene olan ,(2006 yılının "**pazartesiye**" denk gelen ay (5. aydı.) Ve sıralama,bu (5. aydan) itibaren,yukardaki sıralama ile aynı şekilde devam ediyordu.

- *2006 yılının sıralaması şöyle idi;*

```
2006 sıralaması;

5       ay pazartesiye,
8       ay salıya,
2.3.11  aylar çarşambaya,,
6       ay perşembeye,
9.12    aylar cumaya,
4.7     aylar cumartesiye,
1.10    aylar ise pazara,denk geliyordu
```

Tablo 7:

Yani aslında sıralamada bir değişiklik yoktu. Sadece,bir sıralama atlanmıştı. Diğer geçmiş takvimlerede baktığımda,(2005 yılının "**pazartesiye**" denk gelen ayının (8)olduğunu gördüm.)

("**Tamam**"),dedim kendi kendime. ("Evraka! Evreka! Buldum! Buldum!") diye azıcık sevinmeye başlamıştım. Erken sevindiğimi,daha sonradan anladım. 2004 yılına geldiğimde;

- 2004 senesinin,bu sıralamaya uymadığını farkettim. (" *Haydaa! Hoppalaa! Şimdi nerden çıktı bu kardeşim?* ") diye dert yanmaya başladım. 2004 yılının "**pazartesi**"ye denk gelen ayları sadece,

(**3. ve 11.**) aylardı. Halbuki,sıralama,(**2.3 ve 11**) diye olmalıydı.

- *2004 yılının sıralaması şöyleydi;*

```
2004 sıralaması;

3.11   pazartesi
6      salı
9.12   çarşamba
1.4.7  perşembe
10     cuma
5      cumartesi
2.8    pazar
```

Tablo 8:

Burada,sizinde farkettiğiniz gibi,(altı çizili **4 değişiklik** gözüme çarpmıştı.)

- 2.3.11 sıralamadaki (2) sayısı, (**8.**) ayın yanına;
- 1.10 sıralamadaki (1) sayısı ise ,(**4 ve 7.**) ayların yanına gelmişti.

Aslında,(**2 değişiklik,2 fazlalık**) vardı..

- "Takvim sıralamasına" devam ettim ve daha ilginç bir durumla karşılaştım. Sıkı durun şimdi!

30

SENİN DOĞUM GÜNÜN NEDİR?

2003 yılında "pazartesiye" denk gelmesi gereken **(6.)** ayın yerine,(sıralamada atlama oluyor ve **(9 ve 12.)** aylar geliyordu.)

- 2003 yılının sıralaması şöyleydi;

2003 sıralaması:	
9.12	pazartesi
4.7	salı
1.10	çarşamba
5	perşembe
8	cuma
2.3.11	cumartesi
6	pazar

Tablo 9:

("Neden böyle olmuştu?") Bunun cevabını veremiyordum. Ama vermem gerekiyordu. *("Neden 2004 yılında değişiklik ve 2003,tede bir "sıralama atlaması" olmuştur?")* sorusunun cevabını bulmalıydım.

- Devam ettim. Diğer kalan 4 takvimede bakmaya başladım. (2002,2001 ve 2000,de) sıralamada bir değişiklik yoktu. Fakat (2000) yılındaki ay sıralamaların da ,(tıpkı 2004,teki gibi) bir değişiklik olmuştu.

- 2000 yılının sıralaması şöyleydi;

2000 sıralaması:	
5	pazartesi
2.8	salı
3.11	çarşamba
6	perşembe
9.12	cuma
1.4.7	cumartesi
10	pazar

SENİN DOĞUM GÜNÜN NEDİR?

Tablo 10:

Gördüğünüz gibi,yine 2004,teki gibi ("**2 değişiklik,2 fazlalık**") olan bir sıralama ile karşı karşıya kalmıştım. Devam ettiğimde,tıpkı daha önceki (2003) gibi bir "**sıra atlaması**" oldu. Ve 1999 yılınının "pazartesi" ile başlayan ayları ,(**2.3 ve 11.**) aylardı. Yani burada da "atlama" olmuştu. 1998 yılında ise ,(atlamadan sonrasına göre sıralama düzelmişti.)

Tekrar sordum kendi kendime. (" **Peki,neden?** ") Evet biraz kafam karışmıştı. Ama çözülemeyecek gibi değildi. Ziraa,artık yavaş yavaş işin püf noktalarını ,kavramaya başlamıştım.

Ay sıralamasını (o değişiklikler ve atlamalar haricinde) anlamıştım. Belli bir sıralaması vardı. Burada,(*her bir yılın,belli bir ay sıralamasını takip ettiğini farkettim*.) Fakat bu sıralama farklı şekillerde yer değiştirdiği için,(*"Sabit" bir sıralama yapmam ve o sıralamaya göre, hareket etmem gerekiyordu.*)

Bunu düşünmüştüm. Mevcut **"değişiklikler ve atlamaları",**daha sonra araştırabilirdim.

Aklıma o an, (*yılların "pazartesi" ile başlayan ay yada aylarını sıralamak*) geldi. Sıraladığımda ise şöyle ilginç bir sıralama ile karşılaşmıştım.

```
1.10
5
8
3.11
9.12
4.7
1.10
5
2.3.11
6
```

Tablo 11:

SENİN DOĞUM GÜNÜN NEDİR?

Burada dikkatimi çeken birşey vardı. **"Değişiklikler ve atlamalar"** haricinde,mevcut "ay sıralamasında" bir değişiklik yoktu. Fakat yinede birazcık kafa karıştırıcıydı. Ama pes etmek yoktu.

O an aklıma,(2007 ile 1998 yılları arasında) araştırdığım ve sayısı ,"çoklu yıllarda" değişmediğini gördüğüm, (**ay sıralamasını**) dikkate almam gerektiği ,düşüncesi geldi.

Bu konuda ilk adımı atmam gerekiyordu. Öylede yaptım ve ("gün vermeden", başlangıç olarak **(2,3,11)** ayları ilk sıraya koydum.)

Diğerlerinide koyabilirdim. Ama ben bunda karar kıldım ve sıralamaya aynı şekilde devam ettim.

NOT: (İsterseniz siz başka bir ay yada aylarıda (**ilk sıraya**) koyabilirsiniz. Ama şahsen ben hiç tavsiye etmem. Nedenine gelince. Daha ileriki sayfalarda yapacağımız (formüller,tablolar, çizelgeler vs vs.) hep bu sıralamaya göre yapıldığından dolayı pek tavsiye etmiyorum. Ancak eğer sil-baştan deyip kendiniz yapmak istiyorsanız,biraz bayağı uğraşmanız gerekecektir. Size kalmış bir durum bu.)

Yılların Ay Sıralaması..

Sabit Ay sıralaması (Sas)
2.3.11
6
9.12
4.7
1.10
5
8

Tablo 12:

SENİN DOĞUM GÜNÜN NEDİR?

Sabit Ay sıralaması (SAs)

- Fakat bu sıralamaya,kolay hatırlanabilmesi ve akılda kalabilmesi için bir isim verilmeli idi. Ve ben bu sıralamaya; **"Sabit Ay sıralaması (SAs)"** dedim.

-Yani;artık (**2.3.11** / **6** / **9.12** / **4.7** / **1.10** / **5** / **8**) sıralamasına,bundan sonra "**Sabit Ay sıralaması** (SAs)" diyeceğiz.

Yılların,(**"ay sıralamasını"** ve **"ismini"** koyup) yapmıştık. Fakat,bu "gün bulmada", bize tek başına yardımcı değildi. Evet,çok önemli büyük bir yardımcı idi ama yetmiyordu. Olmuyordu,tek başına **"gün bulma"** problemlerinde. Başka daha önemli bir etken bulunması gerekiyordu.

Sabit Ay (SA)

Derken birden aklıma;daha önce yaptığım araştırmada kullandığım, (**"pazartesi"**) kavramını ,dikkate almam gerektiği konusunda bir düşünce geldi. Ziraa,(**"pazartesi")** kavramı,(**haftanın ilk günüydü.**) "**Gün bulma**" formülünde,işime çok yarayacaktı. Hemde çok. Diğer günlerden biride ele alınabilirdi. Ama haftanın (ilk günü) dururken, diğer günleri dikkate almak niye?

Ve bu **"pazartesi"** kavramını,bu **"gün bulma"** formülünde **"temel direk"** olarak ele aldım. Ve isminede (**"Sabit Ay (SA)"**) kavramını verdim..

Yani; **(her ayın 1 ile başlayan,ay başlangıçlarının "pazartesi"ye denk gelmesi ile oluşan bir kavram)** olmuştu "Sabit Ay" kavramı.

İşte bu **"SA kavramı"**,aslında (belirlenen **o yılın ,SA kavramıydı.**)

SENİN DOĞUM GÜNÜN NEDİR?

Mesela;

- 2007 yılının **"pazartesi"** ile başlayan ay yada ayları (1 ve 10) idi. İşte,(**2007** yılının **"sabit ayları (SA)"** (**1** ve **10**.) aylarıdır.)

2007 = SA (1,10)

- 2006,nın (SA)ı ise (5). İşte bu böyle devam ediyordu. Bu işimizi kolaylaştıracaktı.

2006 = SA (5)

Ve tabii ki,artık kararda vermiştim. Sadece (SA ile SAs) kavramlarını,(gün bulmada) bir formül olarak kullanacaktım.

- Peki bunu nasıl yapacaktım?

Elimde başka takvimde yoktu. Önce elimdekiler ile ilgili ,bir **"tablo çizelgesi"** hazırlamam ve (**SA kavramını,"temel direk"**) ve diğer **SAs**,yi ise (**"Yardımcı Öğeler"**) olarak ,ele almam gerekiyordu..

- (**SA**) kavramı ,şahsen çok önemliydi. Çünkü,(**gün bulma formülünde**) en büyük yardımcım olacaktı. Bu olmadan,("gün bulma") formülü hiç bir işe yaramıyordu. Bu gerçeği anlamıştım. Bu yüzden,bu (en büyük yardımcının "asıl konumunu") vermem gerekiyordu.

- Şimdi Formül ve Hesap Zamanı..

- **İlk önce**,(ayların 1-31 arasındaki sayılarını),tıpkı takvimdeki sıralanmış şekline uygun olarak ,(1 ile 7 arasında) oluşmak üzere, **alt alta yazdım**.

SENİN DOĞUM GÜNÜN NEDİR?

Günler(Gün sayıları);
1.8.15.22.29
2.9.16.23.30
3.10.17.24.31
4.11.18.25
5.12.19.26
6.13.20.27
7.14.21.28

Tablo 13:

- Sonra ,**"günlerin isimlerini"** kısalttım.

Gün İsimlerinin Kısaltılması..
pazartesi = pt
salı = sl
çarşamba = çş
perşembe = pş
cuma = cm
cumartesi = ct
pazar = pz

Tablo 14:

- Sonra,(**"ayların sonlarını"** ifade eden,sıralamayı yaptım.)

Aylar ve Sonu;	
Ay	Sonu
2	28,29
4,6,9,11	30
1,3,5,7,8,10,12	31

SENİN DOĞUM GÜNÜN NEDİR?

Tablo 15:

- **Ayların sıralamasında** (SAs) "düzenli giden" bir sıralama vardı. O sıralama,hemen hemen (yılların SA sıralamasında da aynıydı.) **"Değişiklikler ve atlamalarda"** vardı. Ama şimdilik ,bununla idare etmem gerekiyordu. Sıralama şöyle idi:

```
2.3.11 / 6 / 9.12 / 4.7 / 1.10 / 5 / 8

8 / 2.3.11 / 6 / 9.12 / 4.7 / 1.10 / 5

(....) gibi..
```

Tablo 16:

Dikkat ederseniz,(sondaki (8) sayısı,en öne gelmişti.) Ve bu böyle devam ediyordu..

- Bu yüzden;bu düzenli sıralamayı kullanarak, (2007 yılında olduğumuz için,2007 yılına ait) şöyle bir tablo çizelgesi çıkarttım.

("**1.10**", 2007,nin SA,yı olduğu için; "1 ve 10,dan başladım.")

2007 Tablo Çizelgesi..

2007 Tablo Çizelgesi						
1.10	5	8	2.3.11	6	9.12	4.7
4.7	**1.10**	5	8	2.3.11	6	9.12
9.12	4.7	**1.10**	5	8	2.3.11	6
6	9.12	4.7	**1.10**	5	8	2.3.11
2.3.11	6	9.12	4.7	**1.10**	5	8
8	2.3.11	6	9.12	4.7	**1.10**	5
5	8	2.3.11	6	9.12	4.7	**1.10**

Tablo 17:

37

SENİN DOĞUM GÜNÜN NEDİR?

- Fakat bu yeterli değildi. *("Ne yapmam gerekiyordu?")* Bu sayılara ,(günlerin **sayı** ve **isimlerini** de) eklemem lazımdı. Yoksa (nasıl bulacaktık,günleri?) Ekledimde. Bakın nasıl bir tablo çıkmıştı karşımıza?

2007 Tablo Çizelgesi.							
Günler	pt	sl	cs	ps	cm	ct	pz
1.8.15.22.29	1.10	5	8	2.3.11	6	9.12	4.7
2.9.16.23.30	4.7	1.10	5	8	2.3.11	6	9.12
3.10.17.24.31	9.12	4.7	1.10	5	8	2.3.11	6
4.11.18.25	6	9.12	4.7	1.10	5	8	2.3.11
5.12.19.26	2.3.11	6	9.12	4.7	1.10	5	8
6.13.20.27	8	2.3.11	6	9.12	4.7	1.10	5
7.14.21.28	5	8	2.3.11	6	9.12	4.7	1.10

Tablo 18:

- Böyle bir tablo çıkmıştı karşıma. **Peki nasıl bulacaktık şimdi,günleri?** Eğer *(2007 yılından herhangi bir günü,bu yaptığım tablo ile bulabilirsem)*,o zaman "hem bu yaptığım tablo doğrulanmış", "hemde diğer yıllara ait olan tarihlerin günlerini bulabilmemde", o kadar kolaylaşmış olacaktı.

- **Ve inanılmaz bir şey oldu.** Aslında yaptığım bu tablonun,(2007 yılından herhangi bir tarihin gününü bulabilmemde) kendisinin bile yeterli olduğunu ve (aslında,kendiliğinden her şeyi ayarlamışım,) gibi bir durumla karşılaştığımı farkettim. (**Aylar,günler**) hepsi hazırlanmış. Yılda biliniyor. Öyleyse bulmak,o kadar zor olmamalıydı. Denemeye başladım.

Mesela;

(27 Mayıs 2007 **hangi güne denk gelmektedir?**) diye sorduğumuzda;yukarıdaki "tablo çizelgesine" bakmak yeterli idi.

(**Günler** kısmından (27) sayısı ile **Aylar** kısmından,(27,nin hizasında olan) **Mayıs** ayının sayısını (5) buluyoruz. İşte bu sayıların kesiştiği,yukarıdaki gün ismi,verilen o tarihin günüdür.)

* İşte bu kadar kolay olmuştu. **Peki,ya diğer yıllar?** Öyle tahmin

ediyorum ki,diğer yıllarda da böyle bir tabloyla karşılaşabilirdim. Diğer yıllarla ilgilide ,aynı tabloları yaptım. Bu tabloların hepsini buraya sığdırmak biraz zor olduğu için,işi biraz daha kolaylaştırayım dedim.

- Ve şöyle bir tablo çıkıvermişti karşıma;

Yıl verilmeden (Gün-Ay-Gün İsmi) ile "Tablo Çizme ve Gün Bulma."

B	0 1 2 3 4 5 6	0/1	1/2	2/3	3/4	4/5	5/6	6/7
S	1 2 3 4 5 6 7	Pt	sl	çş	pş	cm	ct	pz
pt	1..7..6..5..4..3..2..	1.10	5	8	2.3.11	6	9.12	4.7
sl	2..1..7..6..5..4..3..	4.7	1.10	5	8	2.3.11	6	9.12
çş	3..2..1..7..6..5..4..	9.12	4.7	1.10	5	8	2.3.11	6
pş	4..3..2..1..7..6..5..	6	9.12	4.7	1.10	5	8	2.3.11
cm	5..4..3..2..1..7..6..	2.3.11	6	9.12	4.7	1.10	5	8
ct	6..5..4..3..2..1..7..	8	2.3.11	6	9.12	4.7	1.10	5
pz	7..6..5..4..3..2..1..	5	8	2.3.11	6	9.12	4.7	1.10
	Günler				Aylar		0/1 --> B/S	

Tablo 19:

- Böyle bir tablo çıkmıştı. Fakat,bu tablo mevcut "eski yılların sorununu" çözebilecek miydi,acaba? Bu tablonun nasıl kullanıldığını açıklayayım:

- Yukardaki **"koyu renkle"** işaretlenen sayıların bulunduğu bölüm,(1,den 31,e kadar) olan sayıların,(1 ile 7) arasnda sayılara bölünmesi ile oluşmuş **"günler"** kısmıdır. Kullanımı kolaydır. (**Yukarıdan aşağı doğru**) kullanılır.

- Yukarıdaki (**B/S**) kısmı ise (**Boşluk** ve **Sıra**) kısımlarını oluşturuyor. Bu "boşluk/sıra" formülünü ,uğraşırken buldum. Ancak,sonradan farkettim ki,"yıl" kısmını vermiyordu. Yani,"verilen bir tarihin" sadece (**Gün** ve **Ay**) kısmını çözüyordu. Yıl olmadığından,yıl bulunamıyordu.

39

SENİN DOĞUM GÜNÜN NEDİR?

- Kullanımı ise şöyledir;

15 Ağustos,Çarşamba

pt	6	2 Boşluk var.
sl	7	
çş	1.8.**15**.22.29	
pş	2	
cm	3	
ct	4	
pz	5	

Tablo 20:

- **"Günler"** kısmında,(15. gün, **"çarşambaya"** gelecek) şekilde,yukarıdaki gibi bir şekil çizdim.

- Sonra,"gün sayılarını" ekledim. Ve (pazartesi ile verilen günün (15) arasına gelecek şekilde) bir çizgi çizdim.

- Bu çizgi,bu (**2 taraf arasındaki,bir boşluğu**) ifade ediyordu. Bu boşluk yolu ile,**"tarihlerin günlerini"** daha kolay bulabileceğimi düşünmüştüm. Tabii ,birde buna **"sıra"** eklemem gerekiyordu. (Yerleri belli olsun,karışmasın) diye. Sıralarıda eklemiştim.

- Yukardaki çizgiye göre,verilen tarihin (**iki boşluğu**) vardı. Bu,"iki boşluğa" görede,yukarıdaki tablonun **"günler kısmına"** baktığımızda,(**iki boşluk,üçüncü sıraya**) denk geliyordu. Bu,(**B/S**) sırasının hizasında (altında) bulunan, **"günler kısmı"** ise ,(verilen tarihin,"1 ile 31" arasındaki **"günler"** kısmı idi.)

Fakat önce yukarıdaki,(aylar) kısmındaki tabloyu oluşturabilmek için,("**çarşambaya**" denk gelen **"15 Ağustosun"**,ay sayısını (8),tabloda **"çarşamba (çş)"** günü yazan ,kısmının bulunduğu yere (**tablonun ilk sırasında**) yazdım.

40

SENİN DOĞUM GÜNÜN NEDİR?

Ardından (**soldan sağa doğru**) bildiğimiz,"**SAs**",nı yaptım ve tabloyu böyle devam ederek bitirdim. Ve gördüm ki,bu verilen tarihin "**sabit ayı**" (1 ve 10) idi. Yıl yoktu ama "**SA**" bulunmuştu.

- **Yıl verilmeden**,sadece "**Gün ve Ay**" verilerek yapılan ,bir tablo oluşturmuştum. Hatta "**SA**,nı" bile bulmuştum. Ancak bu benim işime yaramamıştı. *Ne işe yarardı bu?* Ardından devam ettim. "**Günler**" kısmında,bu verilen **tarihi** "**doğrulamam**" gerekiyordu. Acaba doğru muydu? diye.

- "**İki boşluk,üçüncü sıra**" (2B/3.S) kısmının bulunduğu (**yukardan aşağı**) günler kısmının hizasında bulunan (**15.gün**),1 ile başlayan gün sayının içerisinde idi. (**1,8,15,22,29**)

- O,"1 sayısının "bulunduğu hizada (solda) denk gelen,"**gün ismi**" ise (**çarşamba**) idi.

Peki ,"SA" neydi?

Onu da,o hizada bulunan "aylar" kısmına bakarak bulmuştum. (1.10) Bu "Sabit Ayı" işaret eden ,yukarıdaki "**gün ismi**" ile "**B/S**,da" aynıydı. Öyleyse yaptığımız "**tablo çizelgesi**" doğruydu. Fakat "**yıl**" olmadığından ,yeterli değildi.

Bu verilen tarih,hangi yıla aitti?

- Fakat,"2007,nin Sabit Ayı" (1.10) olduğundan,bu tabloyu (**2007,nin tablosu**) olarakta görebiliriz. **Peki ya diğer yıllar?** İşte benim üzerinde durduğum şey bu.

Elimde (1998 ile 2007) arasında bir takvim vardı. Diğer "**geçmiş** veya **gelecek**" yıllar ile ilgili birşey yoktu. Dolayısıyla tabloyu oluşturmakta ,biraz zor gibi idi. Eğer,elimizdeki mevcut "**SAs**",na göre ,"**geriye** ve **ileriye** doğru" sıra sıra hazırlayacağımız tablolar şeklinde olursa,o zaman bu olabilirdi. Fakat ne kadar doğru olurdu,orasını tam olarak bilemiyordum.

Pratik Bir Yol.

- Bunları düşünürken,bu tablonun "daha **kolay** ve daha **pratik**" bir yolunu bulmuştum. Gerçektende "çok kolay ve pratikti." İnanamamıştım. Daha önceden benim aklıma niye gelmemişti bu? Diye düşündüm.

- Bakın nasıl işliyor bu?

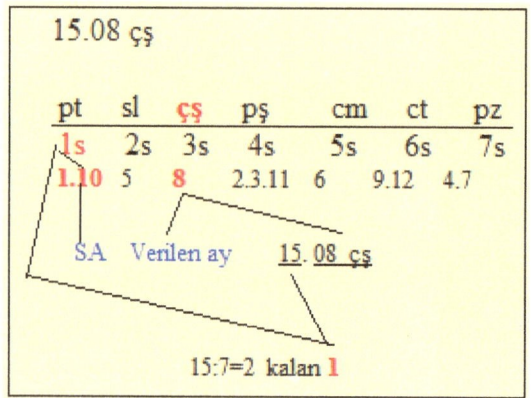

Tablo 21:

- Herhalde farketmişsinizdir. *Bu tabloyu nasılda böyle basite indirgedik?* İşleyişi tablo gibi, hemen hemen aynıdır.

- "**Ağustos**" sayısı (8), "**çarşambanın (çş)**", hemen altına yazılır. Bu,(verilen **aydır**.) Sonra,(**soldan sağa doğru**) bildiğimiz "**SA sırasını**" yapıyoruz.

Bu verdiğimiz tarihin,"**Sabit Ayını**" bulabilmemiz için şu yolu takip ediyoruz.

- "**Gün**" kısmından "**15.günü**",(1 ile 7) arasındaki sayıdan ,herhangi birinin içerisinde bulabilmek için,*(eğer bilmiyorsanız yada elinizde kullanabileceğiniz bir* *takvim yoksa)* çok kolay bir yol olan,(**15 sayısını, 7 sayısına bölme**) işlemini yapmamız gerekiyor.

- Çıkan rakamı değil, (**kalan sayıyı**) dikkate alıyoruz. Ve o sayıyı ifade eden (1 ile 7) arasındaki "**sayı dizisinden**" buluyoruz. Ve o sayının altındaki," **ay** yada **aylar**" ise,(verilen tarihin "Sabit Ayını" oluşturmaktadır.)

Konuyu şöyle açıklayalım;

Günleri 1 ile 7 arasında bir sayıya indirgemek.

- Eğer verilen bir tarihin "**gün sayısı**",(7 sayısından) büyük ise,o sayı (1 ile 7) arasında bir rakam ,bulunana kadar,sürekli olarak (7 ile çıkartılır.)

$$= 30 - 7 = 23$$
$$= 23 - 7 = 16$$
$$= 16 - 7 = 9$$
$$= \mathbf{9 - 7 = 2}$$

- **Veya** ,(7 ile bölünüp-kalanı) dikkate alınır

30 : 7 = 3 kalan 2 (Eğer kalan 0 çıkar ise,o sayı "**7,dir.**")

- **Yada** ,en kolayı eğer bulabiliyorsanız,yapraklı olmayan "**düz,tek bir takvime**" bakmak. Orada (7,den büyük sayıların,1 ile 7 arasında) ,hangi sayılara denk geldiği görülmektedir.

SENİN DOĞUM GÜNÜN NEDİR?

Mesela;

Günler(Gün sayıları);
1.8.15.22.29
2.9.16.23.30
3.10.17.24.31
4.11.18.25
5.12.19.26
6.13.20.27
7.14.21.28

Tablo 22:

Gördünüz değil mi ne kadar kolaymış? Peki,ya yıl? Bu verilen tarihin yılı neydi? 2007 diyorsak,doğru olabilir. Çünkü onun **"sabit ayı"** (1.10). *Peki ya diğer yıllar?*

Asıl şimdi "Yüzyıllar Takvim Cetvelini" bulma zamanı.

Daha önce,(ay sıralamasında değişikliğe uğrayan "2004 ve 2000 yılları hariç",diğer "tüm yıllarla" ilgili yaptığım bu tablolarda,"**günler**" muntazam bir şekilde "**Doğru**" olarak bulunuyordu.

- İnanmıyacaksınız ama **"2004 ve 2000"** yıllarınının (**"ocak** ve **şubat"** ayları hariç) diğer aylarında tablomuza göre ,tam bir **"Doğruluk"** vardı. Sadece,(ocak ve şubat)aylarında,bu doğruluk tam tutturulamıyordu.

Peki bunun nedeni neydi? Neden böyle oluyordu? Anlayamamıştım. Elimde de başka takvimler falanda yoktu. Moralim iyice bozulmuştu. Bunu çözemeyince,kızdım ve biraz ara verdim.

- Taa ki,(2009 sonuna doğru,bit pazarından bir dükkandan "50 liraya" (**Made in Chına**) yazan "Çin malı" bir **"uydu cihazı"** alana kadar..

- (" *Hoppalaa! Şimdi bunun konumuzla ne alakası var kardeşim?* ")

44

dediğinizi duyuyorum. Ama maalesef öyle! **"Made in China"** malı uydu cihazında,işimize yarayacak birşey bulmuştum. Herhalde anlamışsınızdır. Elbetteki,"Eski Takvimler"

- Bu uydu cihazının,birde **"takvim özelliği"** vardı. O "takvim özelliğine" girdiğimde,yıllardır arayıpta bulamadığım o "eski takvimler",uydu cihazının içerisindeydi. **"Made in China"** malı olduğu için üzülsem mi,yoksa takvimi bulduğum için sevinsem mi bir türlü karar verememiştim?

Ama sevindim. Ve *("Helal olsun, şu Çinlilere!")* dedim. [* _ *] Neden dedim,bende bilmiyorum. Yüce Allah,tam da **"unuttum"** derken,şıp diye **"eski takvimleri"**, adeta hediye edercesine karşıma çıkarmıştı.

- Hemde,ne eski; (*1910,dan 2050 yılına kadar ,tüm takvimler*) vardı. Aradığım kısmet ,ayağıma gelmişti. Belki bir daha zor bulabilirdim,böyle bir fırsatı. Hemen çalışmaya koyuldum,kaldığım yerden başlamaya.

İlk yaptığım şey;hemen **"kendi doğum günüme"** bakmam oldu. "Pazar" günü idi. Daha sonrada ailemin doğum günlerine baktım.

- Çok güzel bir duyguydu. Ama **"bu işin sırrını"**,öğrenmem gerekiyordu. Yani,bu işi daha da kolay hale getirmem gerekiyordu. Yani, (bir kişinin **"doğum gününü"** yada verilen herhangi **"bir tarihin gününü"**),bu yolla bulmam gerekiyordu. Hem de hiç takvime bile bakmaya gerek kalmadan.

Hemen,cihazdaki takvimlerin (1910,dan 2050 yılına kadar olan yılların) hepsine,tek tek bakmaya başladım. Hepsini,teker teker inceledim.

- ("Hangi yılın,hangi aylarının ("1 ile başlayan" sayıları),**"pazartesiye"** denk geliyor") hepsini tek tek not ettim.

Buradaki **amacım**,(o yılların **"Sabit Aylarını"** bulmak) idi. Çünkü,daha önceden de belirttiğim gibi,(yılların **"sabit ayları"**,(verilen bir tarihin gününü bulmada), çok önemli bir yere sahipti. Hatta o olmadan,"günü bulmak" hemen hemen neredeyse ,imkansız gibi bir şeydi. Bunu farketmiştim.)

SENİN DOĞUM GÜNÜN NEDİR?

- O yüzden,takvimdeki tüm yılların (**Sabit Aylarını**) tek tek çıkarmam ve ona göre bir "**tablo çizelgesi**" hazırlamam gerekiyordu. Çalışmama devam edip bitirdiğimde,("**Sabit Ayların**" hepsini ,"**yıllarına göre**" bir sıraya koydum. Ve çok ilginç bir şeyle karşılaştım;

	YY				
Sıra	1900	SA	Sıra	1900	SA
1	10	8	28	37	8
2	11	5	29	38	5
3	12	1.4.7	30	39	1.4.7
4	13	9.12	31	40	9.12
5	14	6			
6	15	2.3.11			
7	16	5			
8	17	1.10			
9	18	4.7			
10	19	9.12			
11	20	3.11			
12	21	8			
13	22	5			
14	23	1.10			
15	24	9.12			
16	25	6			
17	26	2.3.11			
18	27	8			
19	28	10			
20	29	4.7			
21	30	9.12			
22	31	6			
23	32	2,8			
24	33	5			
25	34	1.10			
26	35	4.7			
27	36	6			

Tablo 23:

- "**Yıllar**" ile "**Sabit Aylarını**" sıraya dizdiğimde,yukarıdaki gibi bir tablo çıkardım. Herhalde dikkat etmişsinizdir.

46

SENİN DOĞUM GÜNÜN NEDİR?

Yılların,"SA sıralaması (SAs)",(27 yıl boyunca,"değişiklikler" göstererek, sıralamasını) devam ettiriyordu. Ve ayrıca yine (her 27 yılda bir,kendini yeniliyordu.)

- Fakat,bizim ele alıp-karar verdiğimiz,(ayların **SA sıralamasına (SAs)**) hiç uymuyordu.

Bizim belirlediğimiz (SAs) şöyleydi:

SAs;
2.3.11
6
9.12
4.7
1.10
5
8

Tablo 24:

- Fakat bu çok değişikti. Daha önceden,(1998-2007) arasında yaptığımız SA sıralamasındaki **(SAs)** ,"2000 ve 2004" yıllarında oluşan **(değişikliği)** ve onlardan önceki yıllardaki **(atlamayı)** hatırladınız mı?

- İşte o "değişikliler",bu tabloda tam çıplaklığı ile karşımızdaydı. Fakat,daha önce biz **(geriye doğru)** çalışmış ve bu nedenle **"SAs atlamasını"**, (geriye doğru) algılamıştık.

Ama şimdi,**(ileriye doğru)** bir çalışma yapıp-ona göre bir tablo yaptık. Bu sefer "atlamalarımız",**(ileriye doru)** olacaktır. Aslında en doğrusuda buydu. (İleriye doğru)bakarak,bu işi halletmemiz gerekiyordu. Bunun nedenini de ilerideki tabloda,çok iyi anlayabiliyorduk..

- Tablo uzundu. Bu neden ile daha kolay anlayabilmeniz için,tabloyu **"kısa"** tuttum. Zaten,o kadar uzun bir listeyede gerek yoktu. Çünkü,(sıralamayı çıkardığımda,hemen hepsinin (**"her 27 yılda bir"**, **kendini yenilediğini** farketmiştim) O yüzdende,buna gerek görmedim ve bu tabloyu kısa tuttum.

Şubat Ayının Farkı.

- Bu **"SAs"** neden böyleydi?
- Neden "SA sıralamasında" **"değişiklik ve atlamalar"** oluyordu?

Bunun cevabını vermem gerekiyordu. Daha önceden yaptığımız tablolardaki hesaplamalarda (yani **"gün bulma"** işlemlerinde),bu **"değişiklik"** gösteren yılların ,sadece (ocak ve şubat) aylarındaki "gün bulmanın **tutmadığını"**, ve diğerlerinin ise **"tuttuğunu"** belirlemiştik. *Neden böyle olmuştu?* diye düşünüyorduk.

- İşte,yukarıdaki bu tablomuzda da bu aklıma geldi. "2000 ve 2004" yıllarının, kendi içlerindeki **"SA sıralamasına"** tekrar baktım.

Kendi içlerindeki sıralama şöyleydi.

2000	2004	SAs
5	3.11	2.311
2.8	6	6
3.11	9.12	9.12
6	1.4.7	4.7
9.12	10	1.10
1.4.7	5	5
10	2.8	8

Tablo 25:

- Bu (2 sıralamadaki),"Sabit Aylar" aynıydı ve değişmiyordu. Bizim belirlediğimiz **"SA sıralaması"** ise ,biraz farkla benzemiyordu. **Peki diğer yıllar içinde bu geçerli miydi?**

Yani,(**"geriye doğru"** atlamadan önceki,(tıpkı 2000 ve 2004 gibi) değişiklik gösteren diğer yıllar içinde,bu sıralama aynı mıydı?)

SENİN DOĞUM GÜNÜN NEDİR?

- Tabloda,buna baktım. Ve,evet gerçektende aynıydı. Tıpkı "2000 ve 2004" için geçerli olan,kendi içindeki ayların "SAs" gibiydi. **Peki bunun nedeni neydi?**

Hesaplamalardaki,bu **"değişiklik"** gösteren **yılların** ,sadece (**ocak** ve **şubat**) aylarının (**"gün bulma"** işlemlerinde) tutmamasının nedenini, düşünmeye başladım.

- Ve birden aklıma (**şubat ayının** bazı zamanlarda **"28 yerine 29 çektiği"**) düşüncesi geldi. Hemen, uydu cihazına açarak,(tüm yılların **"şubat aylarının"**,kaç çektiğini) tek tek bakmaya ve not almaya başladım. Ve bitirip-baktığımızda ,şöyle bir tablo çıkmıştı karşımıza:

SENİN DOĞUM GÜNÜN NEDİR?

YY Sıra	1900	Ay	SA	Sıra	1900	Ay	SA
1	10	28	8	28	37	28	8
2	11	28	5	29	38	28	5
3	12	29	1.4.7	30	39	28	1.4.7
4	13	28	9.12	31	40	29	9.12
5	14	28	6				
6	15	28	2.3.11				
7	16	29	5				
8	17	28	1.10				
9	18	28	4.7				
10	19	28	9.12				
11	20	29	3.11				
12	21	28	8				
13	22	28	5				
14	23	28	1.10				
15	24	29	9.12				
16	25	28	6				
17	26	28	2.3.11				
18	27	28	8				
19	28	29	10				
20	29	28	4.7				
21	30	28	9.12				
22	31	28	6				
23	32	29	2,8				
24	33	28	5				
25	34	28	1.10				
26	35	28	4.7				
27	36	29	6				

Tablo 26:

- Bu tabloları ,neden "**ileriye doğru**" yaptığımı,söylemiştim. **İşte cevabı.** Tabloyu dikkatlice izlerseniz,(hem **değişikliler** hemde **atlamaların**) sadece "**Şubat ayı 29 çeken yıllar**" için geçerli hale geldiğini anlamış olursunuz. Bu aslında iyi olmuştu. Böylece,"olayları" daha iyi kavramaya başlamıştım.

- Her 27 yılda bir (SAs olarak) kendini yenileyen tablomuzun SAs bölümüne baktığımızda;

* **Her 4 senede bir** ,"yılların şubat ayının,**29 çektiğini**" anlamıştım.

* Ve bizim kendi belirlediğimiz **SA sıralamasının**, normalde devam ettiğini de gördüm.

* Fakat,her 4 senede bir,"**şubat ayı 29 çeken yılların**",bu sıralamaya uymayarak, "**sırayı bozduğunu**" farketmiştim.

- Evet,gerçektende öyleydi. "Her 4 senede bir ,şubat ayı 29 çektiğinden" dolayı,(29 çeken yılların "SA sıralaması (**SAs**)", bu sıralamayı bozuyordu.)

- Yukardaki tablo,sadece "Yüzyıllar (yy) için geçerli olan,yılların **SAs**" idi. Yılların kendi içlerindeki, SA sıralamasında ("**28 çeken yıllar**" ile "**29 çeken yılların**" SA sıralaması) farklıydı. Daha önce verdiğimiz "**SA sıralamasına**" bir daha bakalım.

Şubat ayı ... çekmektedir.		
29	**29**	**28**
2000	**2004**	**SAs**
5	3.11	2.311
2.8	6	6
3.11	9.12	9.12
6	1.4.7	4.7
9.12	10	1.10
1.4.7	5	5
10	2.8	8

Tablo 27:

- Bunları şöyle değerlendirelim;

NOT : Bizim belirlediğimiz asıl **SAs**; (Şubat 28,e göredir..)

SENİN DOĞUM GÜNÜN NEDİR?

29	28
3.11	2.311
6	6
9.12	9.12
1.4.7	4.7
10	1.10
5	5
2.8	8

Tablo 28:

- Dikkat ettiniz mi? Burada, "yerleri değişen sayılar" sadece (1 ve 2). Yani (ocak ve şubat ayları).Şimdi herhalde sizde benim gibi olayı kavramaya başlamışsınızdır.

Şimdi,neden "2000 ve 2004" yıllarının tabloda sadece (ocak ve şubat) aylarının doğru tutmadığını,buradan çok daha iyi anlayabiliyorduk.

- (1 ve 2.) aylar,"**şubat ayı 29 çektiğinden dolayı**",(kendi belirlediğimiz ,"SA sıralamasına" göre hazırladığımız tablolarda yaptığımız,"**gün bulma**" formülünde (yani işleminde), işte bu yüzden yaramıyordu.) Ancak başka bir şeyi daha farkettim.

- Bizim belirlediğimiz **"SAs (28)"** bölümdeki **(1)** sayısı,diğer **"SAs (29)"** bölümdeki **(1)** sayısından "**(1) sıra**" sonra idi.

- Ayrıca **(2)** sayısı ise,diğerinden yine "**(1) sıra**" ,(ileriye doğru) sonra idi.

Ama buradan baktığımız da, (29 çeken SAs "**1**") sayısı, (28 çeken SAs "**1**") sayısından, "**1 sıra önce**" olarak görüyoruz.

(2) sayısıda, aynı özelliğe sahipti. Buda bizim problem çözmemize bir nevi yardımcı olabilecekti. Yani şöyle diyelim:

SENİN DOĞUM GÜNÜN NEDİR?

29	28	Gün
3.11	2.311	pt
6	6	sl
9.12	9.12	çş
1.4.7	4.7	pş
10	1.10	cm
5	5	ct
2.8	8	pz

Tablo 29:

- Diyelim ki, (**şubat ayı 28 çeken SAs**) ile ilgili ,daha önceki bir tablomuzdan,("**şubat ayı 29 çeken**" herhangi bir yılın,"**şubat ayı**" ile ilgili) bir hesap yapmamız gerekiyor.)

Yani,"**şubat ayında**" verilen (**herhangi bir tarihin gününü**),bu yolla bulmaya çalıştığımızda;çıkaracağımız sonuç şöyledir;

Mesela;

- "**28 SA sıralamasına**" göre "Şubay ayının günü" (pt) dir.
- İşte bu "**bulunan günün**";
- "**29** çeken "**SA sıralamasına**" göre ise (pz) dır.
- Çünkü;"**28 SAs**", "**29 SAs**",dan (**1 gün öncedir.**)

- Bu "şubat ayının 29 çekmesi" ve "SA sıralamasını" değiştirmesi konusunda, gerçekten çok düşündüm. Ve bakın (nasıl,hepimizin işine yarayacak) dahine bir formül buldum. :))

Bu sorunu ortadan kaldırmak, zannettiğimden de o kadar zor bir şey olmamıştı.

- Yukarıdaki,(28 ve 29) çeken yılların "**SA sıralamasına**" tekrar,(iyice,bir kez) daha göz atın lütfen. **Ne görüyorsunuz?**

53

SENİN DOĞUM GÜNÜN NEDİR?

Yeni bir SAs hazırlamak.

- (**28 çeken**) yılların "SA sıralamasının",(**29 çeken**) yılların "SA sıralamasından",(**1 gün önceliği)** vardı. İşte bu özelliği dikkate alarak,(hem 28 hemde 29 çeken yılları) "**birleştirecek**" ve her ikisi içinde geçerli olabilecek,"**yeni bir SAs**" hazırlamamız (ve ona göre hareket etmemiz) gerekiyordu.

- **Hayır,hayır!** Bizim belirlediğimiz ve geçerli olan **"SAs"** aynen devam edecekti. Sadece buralarda (2 tane ufak bir değişiklik) yapacaktık. Bu da bizim işimize yarayacaktı.

- İşte bakın (SA sıralamasında **(SAs)**) yaptığımız bu 2 ufak değişiklik nasıl?

YENİ SAs (Sabit Ay sıralaması)

ESKİ		YENİ
29	28	28-29
3.11	2.311	2.3.11
6	6	6
9.12	9.12	9.12
1.4.7	4.7	4.7 / 1
10	1.10	1.10
5	5	5
2.8	8	8 / 2

Tablo 30:

- İşte,"**hem 28 hemde 29 çeken yıllar**" için geçerli olacak,"**yeni SAs**".

Hazırladığımız tablolarımız da buna göre,"**gün bulma**" hesaplamaları yaptım. Ve gerçektende "olumlu sonuçlar" aldım. Artık bundan sonra,bu "**yeni**

SAs" kullanacaktım.

- İşlemesi,(aynen 28 ve 29 çeken yılların ki gibidir.) Eğer (29 çeken herhangi bir yılın,sadece (**ocak** ve **şubat**) ayı ile ilgili,öğrenmek istediğimiz **"bir gün"** olur ise, yukarıdaki bu yeni "SA sıralamasında (**SAs**)" bulunan;

- (4.7) sayılarının yanında bulunan, (1) sayısını, (4.7 / 1) şeklinde;
- (8) sayılarının yanında bulunan ,(2) sayısını da (8 / 2) şeklinde dikkate alacağız..

- "(**2.3.11**) bölümdeki (**2**)" ile;
- "(**1.10**) bölümdeki (**1**)" ise,sadece "**şubat ayı 28 çeken yıllara** ait olan SAs" için geçerli olacaktır.

- (4.7 / 1) ile (8 / 2) bölümlerindeki, (1 ve 2) sayılarını,(önceki rakamlardan sonraya (/) şeklinde atmamızın) ayırmamızın başka nedenleri vardır. Çünkü,daha sonra takip edeceğimiz "SA sıralamasının" (**kısaltılması**) konusunda işimize yarayacaktır..

- Devam edelim. Enteresandır!

- Şubat ayı "28 ve 29" çeken yılların,kendi içlerindeki ay sıralamaları (SAs) ile ilgili tabloda da şöyle bir durum çıkmıştı.

Ayların Gün Başlangıçları..					
Şubat 28			**Şubat 29**		
ay	gün-sayısı	SA	ay	gün-sayısı	SA
1 cm (5)		1.10	1 ct (6)		1.4.7
2 pt (1)		2.3.11	2 sl (2)		2.8
3 pz (1)		4.7	3 çş (3)		3.11
4 pş (4)		5	4 ct (6)		5
5 ct (6)		6	5 pt (1)		6
6 sl (2)		8	6 pş (4)		9.12
7 pş (4)		9.12	7 ct (6)		10
8 pz (7)			8 sl (2)		
9 çş (3)			9 cm (5)		
10 cm (5)			10 pz (7)		
11 pz (1)			11 çş (3)		
12 çş (3)			12 cm (5)		

Tablo 31:

- Tablodaki **"gün isimleri"** ve **"sıralamalar"** (değişkenlik) gösterebilir. Bu herhangi "28 ve 29" çeken ,başka yıllarda olabilir. Hatta sizde,böyle bir şeyi deneyebilirsiniz.

Yukarıdaki,tabloda,(gün isimlerinin) yanındaki "parentez" içindeki sayılar,(**haftanın gün sayılarını**) ifade etmektedir. Yani,(1 hafta 7 güne bölündüğü için),"günlerin her birine ,(farklı aylarda farklı olarak) gelen (1 ile 7) arasındaki sayılardan" oluşmaktadır.

İşte "**şubat ayı**" ,(28 ve 29) çeken yılların ,kendi aralarındaki (**SAs**) böyle bir şeydir.

- "Her **27 yılda bir** kendini yenileyen" yılların "SA sıralamasında" da şöyle birşey ile karşılaştım; Bu çizelgede "SAs atlamaları" gösteriliyordu. Ayrıca,her 27 yılda bir tekrarlanan yılların ,bazı gruplanmasını da, (özellikle "1912-2023" yılları arasında)çizelgede gösterdik.

```
        1.4.7    5    3.11  9.12   10    2,8    6
        9.12    1.10   8     6    4.7    5
   8  x  6      4.7    5   2.3.11  9.12  1.10
   5    2.3.11  9.12  1.10   8     6     4.7
  (1.10)  (8)   (6)   (4.7)  (5)  (2.3.11) (9.12)
*Atlamaları göstermektedir.

Mesela;
< 5,ten sonra "1.10" SA gelmesi gerekirken,atlayarak "1.4.7" geliyor.>

*Her 27 yılda bir,kendini yenileme(tekrar etme) sayıları;
1912-1939 arasında 27 yıl vardır.
1939-1967    "          "
1967-1995    "          "
1995-2023    "          "
```

Tablo 32:

- Şimdi,hazırladığımız şu **"yeni SAs"** ile ilgili çok önemli kısaltmayı da yapalım. Ziraa artık bundan böyle,uzun bir yer kaplayan **"SA sıralamasında"**, bunlara vereceğimiz,(**harf** ve **sayılardan**) oluşan "kısaltmalarını" kullanacağız. Böylece işimiz daha da kolaylaşmış olacaktır;

-İşte "yeni SAs" kısaltmalarımız;

Sas Kısaltması ve Harflendirilmesi..						
2.3.11	6	9.12	4.7/1	1.10	5	8/2
2	6	9	4	1	5	8
A	B	C	D	E	F	G

Tablo 33:

- "SA sıralamasını" kolay bir şekilde hatırlayabilmek için;

- **"Sabit Ayın** (SA) **"ilk sayılarını"** ifade eden bu rakamlar (2,6,9,4,1,5,8) ,sırası ile akılda tutulmalıdır.

57

SENİN DOĞUM GÜNÜN NEDİR?

Tıpkı,evinizin **"telefon numarası"** gibi,akılda tutmalısınız. İnanın,bu çok işinize yarayacaktır. Bunların ne işe yaradığını bilmekte önemlidir.

Mesela; (kullanılışı)

- (**2694158**) dendiğinde,**"ilk akla gelen"** rakam (2) olduğundan;

- Önce **(2)** ile başlayan SA (**2**.3.11) yazılır.

- Ve sonra da sıra ile,(soldan sağa) doğru,(**6,9,4,1,5 ve 8**) rakamlara ait **"Sabit Aylar"** yazılır.

(2694158)

- O yüzden,"SA sıralamasının" doğru olarak yapılabilmesi için,bu **"kısaltmaların"** ,önce (**ne işe yaradığını bilmemiz**) ve daha sonrada **"akılda tutmamız"** gerekmektedir. Çünkü en çok kullanacağımız **"kısaltmalar"**, bu sayılar olacaktır.

- **"Harfler"** ise daha çok,**"tablo çizelgelerin"** hazırlanmasında kullanılacaktır. Yani,yapacağımız tablolarda,("Sabit Ayların" hem sayılarını ,hemde harflerini kullanacağız.)

- Bunun nedeni de;tablolara ekleyeceğimiz **"SAs kısaltmaların"**, her ikisinin de **"aynı özellikte kısaltmalar"**, (yani **rakam + rakam** yada **harf + harf**) olmasının,kafa karışıklığına yol açmasını önlemek içindir. Bunları iyice öğrendikten sonra, kaldığımız yerden devam edebiliriz.

- Genelde,"şubat ayı 28" çeken yılların,(aylarının sıralamasına göre) hazırlayıp-belirlediğimiz **"SAs"**, hazırladığımız tablolarda da aynı geçerliliğini koruyordu. Zaten öyle de oldu. Artık,**"asıl işlemlere"** başlamamız ve **"gerçek tablo çizelgeleri"** hazırlamamızın zamanı geldi. Çünkü,artık (öğrenebileceğimiz bir şey kalmamıştı.) Her şeyi hemen hemen öğrenmiştik.

İşte,yüz yıllara ait ilk "Yüzyıl Genel Tablosu (YGT)"

SENİN DOĞUM GÜNÜN NEDİR?

- Ve artık son kez,bir **"büyük genel tablo"** hazırlamamız , ondan sonra da diğerlerine geçmemiz gerekiyordu. Bunun için,(herkesin anlayabileceği bir şekilde,ilk defa **"genel bir tablo çizelgesi"** hazırladım.)

Sas						YY	
9	6	2	8	5	1	4	(1700)
4	9	6	2	8	5	1	(1800)
1	4	9	6	2	8	5	(1900)
5	1	4	9	6	2	8	(2000)
8	5	1	4	9	6	2	(2100)

```
00  01  02  03  x  04  05
06  07  x  08  09  10  11
x  12  13  14  15  x  16
17  18  19  x  20  21  22
23  x  24  25  26  27  x
28  29  30  31  x  32  33
34  35  x  36  37  38  39
x  40  41  42  43  x  44
45  46  47  x  48  49  50
51  x  52  53  54  55  x
56  57  58  59  x  60  61
62  63  x  64  65  66  67
x  68  69  70  71  x  72
73  74  75  x  76  77  78
79  x  80  81  82  83  x
84  85  86  87  x  88  89
90  91  x  92  93  94  95
x  96  97  98  99
```

*Bir yy,la ait 100 tam yıl.
*Koyu harfle yazılmış altı çizili rakamlar,
şubat ayı 29 çeken yılları ifade etmektedir.

Tablo 34:

NOT: Bu **"yüzyıl tablosunu",**geçtiğimiz yıllarda ,bir forum sitesinde paylaşmıştım. Çok ilgi görmüştü. Fakat,forum ile yollarımız ayrılınca,tablomuzda kaldırılmıştı.

- Yukarıda,(00 sayısından 99 sayısına kadar) olan sayılar;(**1 yüzyılı (YY)**) ifade eden,o yüzyılın içerisinde bulunan (**100 tam adet yıldır.**)

- Hangi "**yıl** yada **yy**" ait olduğu önemli değildir. Çünkü,(çok dikkat ettim. Takvimlerdeki "29 çeken yıllar" (aynı yıllar) ve sıralamada (aynı sıralama) idi.)

- Değişen sadece,(yüzyılların başlangıçlarının (**SA**),"*sıra ile yer değiştirmesi*" idi. Dolayısı ile yukarıdaki tabloya dikkat ederseniz eğer; "**SAs**" bölümündeki sıralamada düzenli bir sıralama olduğunu görürsünüz.

- "1700" yüzyılının "99" "yıl sayısına" gelen **SA (5)** bitiminden sonra;
- "1800" yüzyılına geçildiğinde,**(00)** olan başlangıç yıl sayısı;
- "29 SAs özelliğinden dolayı" ,bir "**SA atlayarak**", ("4" Sabit Ayından) başlamaktadır.

- Bu tür sıralama,diğer tüm yüzyıllar içinde geçerlidir. Ben öyle olduğunun farkına vardım. Ve sıralamayı da ona göre yaptım.

- Aslında bu ilk "genel tablomuz", böyle basit değildi. Daha karmaşıktı. "**Yatay**" olarak yapılmıştı ve "her yy" için ayrı ayrı yapıldığı için çok uzundu. Bunları buraya aktarmak biraz çok zordu. Zaten gerekte yoktu. Çünkü,hemen hepsinin izlediği bir yol vardı. O bir fark yaratmıştı. Bu fark işimizi kolaylaştırmıştı. Yüzyılların hepsini içine alabilecek bir "**genel tablo**" yapmamıza olanak sağlamıştı. Ama şimdilik,bunada gerek yoktu. Asıl "büyük genel tablomuz",,daha sonra hesaplamalarda kullanılmak üzere yapılacaktı. Kaldığımız yerden devam edersek;

- Bu tabloya bakarak,(şubat ayı 29 çeken ve hiç değişmeyen yılların sıralamasını da)kolay bir şekilde çıkarabilmiştim..

- İşte hiç değişmeyen,29 çeken yıllar. (Son iki rakamına göre)

```
29 çeken yıllar; (Yılların,son iki rakamına göre..)
00  20  40  60  80
12  32  52  72  92
4   24  44  64  84
16  36  56  76  96
8   28  48  68  88

Hatırlama Yolu (akıldan bulma);
2-4-6-8    ( 0  4  8 )    --> 20,24,26,28  40,44...gibi
(0,4,8)de bu 29,lara dahildir..

1-3-5-7-9  ( 2  6 )      --> 12,16,32,36...gibi
(2,6) bu 29,lara dahil değildir..
```

Tablo 35:

- Böyle "**indirgeme**" yaptığımız zaman,"**şubat ayı 29 çeken yılları**" hatırlamamız çok daha kolay olacaktır.

- Böylece bir "ilk genel tablo" yapmış olduk. *Peki bu ne işimize yarayacaktı?* Hemen hemen herşeyi yapıp-öğrenmiştik. "Kısaltmaları,29 çeken yılları" dahi öğrendik. *Peki,"gün bulmayı" nasıl yapacaktık?* Elimdeki tüm ipuçlarına tekrar baktım ve değerlendirmeye başladım.

- Yukardaki "genel tablomuza" da tekrardan baktım. "**Yüzyıllar** ve **yıllar**" vardı. Birbiri ardına sıralanmışlardı. "YY ve yıllar" çok önemliydi. Bunları,bir sıraya koyarak düzenli olarak ayırmam (ve işi iyice kolay ve anlaşılır hale getirmem) gerekiyordu.

- Tabloya tekrar baktığımda,(yukardan aşağıya **doğru**) rakamların önemli olduğunun farkına vardım. Çünkü **SAs**,bu (yukardan aşağıya doğru) olan yolu takip ediyordu. Bu yüzden,(yukardan aşağı) olan "yıl sayılarını", tek tek belirlemem ve bunları bir "grup oluşturacak" şekilde düzenlemem gerekiyordu. Öylede yaptım;

Yılların Gruplanması (YG)

*Yılların Gruplanması (YG)						
Grup numaraları..						
1	2	3	4	5	6	7
00	01	02	03	09	04	05
06	07	13	08	15	10	11
17	12	19	14	20	21	16
23	18	24	25	26	27	22
28	29	30	31	37	32	33
34	35	41	36	43	38	39
45	40	47	42	48	49	44
51	46	52	53	54	55	50
56	57	58	59	65	60	61
62	63	69	64	71	66	67
73	68	75	70	76	77	72
79	74	80	81	82	83	78
84	85	86	87	93	88	89
90	91	97	92	99	94	95
	96		98			

Tablo 36:

- Bu sayıları belirledim ve "haftanın 7 günü" için düzenlenen SAs gibi,"**YY yıllarıda**",(bu SAs nedeniyle) yukarıdaki sıralama şeklinde (**7 gruba**) ayırdım. Burada gruplara ayırdığım "yıllar", herhangi bir yüzyıla ait falan değildi. Genel anlamda bir tablo hazırlamıştım.

Çünkü,bu **"grup numaraları"** verilmiş olan yılların,(hangi yüzyıla ait olduğunu,"grup numaraları" kullanılarak) ,başka tablolar belirleyecekti. Ve daha sonra diğer tabloları hazırlamaya başladım..

1.10 SA Çizelgesi..

- İlk yaptığımız,"**tablo çizelgelerini**" hatırlıyor musunuz? Her bir yıl için ,ayrı ayrı "tablo yapmamız" gerekiyordu. Ama biz bunları,basite indirgemiştik. Fakat yukarıdaki "YY tablolarımız" olmadığı için ,pekde yeterli değildi.

Şimdi tekrar hatırlayalım şu tabloları,özelliklede en son yaptığımız,(yıl verilmeden gün ve Sabit Ayını) bulunmasını sağlayan şu "genel tablomuzu";

B	0 1 2 3 4 5 6	0/1	1/2	2/3	3/4	4/5	5/6	6/7
S	1 2 3 4 5 6 7	Pt	sl	çş	pş	cm	ct	pz
pt	1..7..6..5..4..3..2.	**1.10**	5	8	2.3.11	6	9.12	4.7
sl	2..1..7..6..5..4..3.	4.7	**1.10**	5	8	2.3.11	6	9.12
çş	3..2..1..7..6..5..4.	9.12	4.7	**1.10**	5	8	2.3.11	6
pş	4..3..2..1..7..6..5.	6	9.12	4.7	**1.10**	5	8	2.3.11
cm	5..4..3..2..1..7..6.	2.3.11	6	9.12	4.7	**1.10**	5	8
ct	6..5..4..3..2..1..7.	8	2.3.11	6	9.12	4.7	**1.10**	5
pz	7..6..5..4..3..2..1.	5	8	2.3.11	6	9.12	4.7	**1.10**
Günler				Aylar		0/1 --> B/S		

Tablo 37:

- Daha önceden hazırladığımız bu tablomuzun (**günler** kısmına) baktığımızda,genel bir (**çizelge**) ile karşılaşıyoruz. Bu çizelge,"**genel**" bir anlam ifade ettiği için;(her **yy** ve **yıl** tablolarında) "herşeyi ayarladıktan sonra" rahatlıkla kullanılabilir.

- **Sağdaki** tablomuz ise (**aylar** kısmına) ait olan tablomuzdur. Ve sadece **(1.10)** "Sabit Ayını" ilgilendiriyordu. Aslında,tüm "Sabit Aylarıda" ilgilendirebilir bir özelliğede sahipti. Ama o en son ayarlayıp-belirlediğimiz (hem 28 hemde 29 çeken yıllar için geçerli olan) "**SA sıralamasına (SAs)**" göre ,(aynı şekilde bir genel tablo hazırlayacağımız için),bu tabloyu pek kullanmayacağız.

- Dikkat ettiyseniz eğer,tablodaki "**aylar** kısmında" **SAs**,(**soldan sağa doğru**) bir sıralama izlemektedir.

- "**Günler**" tablomuzdaki,"genel anlam" ifade eden (**gün sayılarımızda**),kolay olsun diye (**aşağıdan yukarıya doğru**) yapılmıştır.

SENİN DOĞUM GÜNÜN NEDİR?

Böylelikle,(verilen herhangi bir yılın,ay ve günlerini) bu tablo kullanılarak,kolayca bulabiliyorduk.

- Şimdi,aynı şeyi (yüzyıllar) için geçerli olabilecek **"büyük genel SAs tablomuz"** içinde yapıp-kullanacağız. Bakın,nasıl bir "Tam SAs Tablosu" hazırlamıştım?;

Tam SAs Tablosu (TST);

Tam SAs Tablosu (TST)..							
Günler Tablosu (GT)	pt	sl	çş	pş	cm	ct	pz
1..7..6..5..4..3..2..	A	B	C	D	E	F	G
2.**1**..7..6..5..4..3.	G	A	B	C	D	E	F
3..2.**1**..7..6..5..4.	F	G	A	B	C	D	E
4..3..2.**1**..7..6..5..	E	F	G	A	B	C	D
5..4..3..2.**1**..7..6..	D	E	F	G	A	B	C
6..5..4..3..2.**1**..7..	C	D	E	F	G	A	B
7..6..5..4..3..2.**1** ..	B	C	D	E	F	G	A

Tablo 38:

- Ne kadar basit ve kolay gibi görünüyor değil mi? İşte bu tablomuz,**"tüm yüzyıllar"** için geçerli olacak,"genel bir tablo çizelgemizdir." Tabii ki bu tek başına yeterli olmadığı için,son bir **"genel tablomuz"** kalmıştır. O tabloyu da yaptıktan sonra,tüm bunların nasıl kullanıldığını tek tek açıklayacağım.

- Ama şimdi,yukarıdaki tablomuzun ne işe yaradığını bir bir açıklayalım;

Kullanımı şöyledir;

- **"Yukarıdan aşağı doğru"** olan (1-7) arasındaki **"GT bölümünde"** bulunan sayılar,(ayların (1-31) arasındaki **"gün rakamlarını"** ifade etmektedir.)

(7 sayısından büyük bir sayıyı, "1 ile 7" arasındaki bir sayıya indirgenir. Ve "GT bölümündeki", (yukardan aşağıya doğru) olan (1-7) arasındaki ,herhangi

64

bir sayıya denk getirilir. Kullanımı **"yukarıdan aşağı"** şeklindedir.)

$27 : 7 = 3$ kalan 6

"Kalan sayısı" dikkate alınır. Eğer,kalan **"0"** çıkar ise,(o kalan sayısı "**7"**dir.) Yuvarlak içine alınan "kırmızı renkli olan" **(1)** rakamlarının hizasında, "yukardan aşağıya doğru" olan sayı **(6),** "kalanı" ifade eder.

- **"Harf"** ile ilgili tablomuzda ise,(yuvarlak içine alınan "kırmızı renkli olan" (ilk sıradaki ,yukardan aşağıya olan) harflerin her biri "**7 gruba**" ayrılmış olan **"yüzyılları (**yada **yılları)"** ifade eder. Bu **harfler,**(tabloda belirlenen yılların "Sabit Aylarıdır." Formül buna göre yapılır.

*Tablomuza devem edersek.

- En son yapacağımız "genel tablomuz",(YY,SA ve Grup numaralarından)oluşan,büyük bir **"Yüz Yıllar Tablosu (YYT)"** olacaktır .İşte,"büyük genel tablomuz."

Yüzyıllar Tablosu (YYT)

Yüzyıllar Tablosu (YYT)										<YG nolan> 1 2 3 4 5 6 7
3000	2300	1600	900	200	400	1100	1800	2500		B A G F E D C
2900	2200	1500	800	100	500	1200	1900	2600		A G F E D C B
2800	2100	1400	700	00	600	1300	2000	2700		G F E D C B A
2700	2000	1300	600	00	700	1400	2100	2800		F E D C B A G
2600	1900	1200	500	100	800	1500	2200	2900		E D C B A G F
2500	1800	1100	400	200	900	1600	2300	3000		D C B A G F E
2400	1700	1000	300	300	1000	1700	2400			C B A G F E D
M.S				**M.Ö**						**SA**

Tablo 39:

- Evet,gördüğünüz gibi bu son tabloyuda yaptık. (**TST** ve **YYT**) tablolarındaki,(**harfler** "Sabit Aylardır."). Yani;(**sayı** ve **harf** verdiğimiz "Sabit Aylarımızın") "**harflendirilmiş** kısımlarını" buralara ekledik. Bunun nedenini daha önce açıklamıştım. "Karışıklık olmasın" diye.

- Yukarıdaki tablomuzda ((YYT),"**M.S** ve **M.Ö**") diye bir bölümümüz var. Bu bölüm,("**Milattan Sonra (M.S)** ve **Milattan Önce (M.Ö)**") asırları ifade etmektedir. Hz,İsa (as)nın "doğum gününden" önceki tarih ,(M.Ö),sonraki tarih ise (M.S) olarak bilinir. Şu anki kullandığımız (**Miladi** takvimde),bu özelliğe göre belirlenmiş bir takvimdir.

- Yukarıdaki asırların, böyle "**düzenli olarak sıralanması**",daha önceden yaptığımız "Yüzyıl İlk Genel Tablosunun **(YGT)**" ve "Yılların Gruplanmasının **(YG)**" değerlendirilmesi sonucu olmuştur;

- **Hangi "yıl",hangi "Sabit Aya" denk gelmekte?** Ve hangi "YY",hangi" yıla" denk gelmekte olduğu,(daha önceki bu tabloların gösterdiği "veriler sayesinde" belirlenmiştir.) **Tabii ki**,bunlar o kadar kolay olmamıştır. Hepsine tek tek göz atmam ve biraz da "mantıklı düşünmem",bu tabloların düzenli bir şekilde olmasını sağlamıştır. Yoksa,bunların hepsi gerçekten çok karma karışık şeylerdi.

- Doğrusunu söylemek gerekirse,(1500,lü yıllar öncesindeki tarihleri

66

tutturmak),bu tablomuza göre bile o kadar kolay bir şey değildir. Çünkü bunun bazı nedenleri var.

Örneğin,(zaman zaman tarih içerisinde yapılan,"**takvim değişiklikleridir**.") Bu konuda,bu **"Takvim Cetveli"** çalışmamızın başlangıcında belirttiğimiz **"Miladi takvimin tarihine"** tekrar göz atabilirsiniz. Orada,"takvim değişiklikleri" ile ilgili kısa bilgiler vardır.

Neyse biz şimdilik,bu **"miladi takvimi"** esas alarak ,bu "genel tablolarımızı" hazırlayalım ve ona göre bunları formülleyelim.

- Şimdi,bu "üç büyük önemli tabloyu"(daha iyi anlayabilmemiz ve ona göre **"gün bulma"** işlemlerine başlayabilmemiz için),"**birleştirerek**" büyük bir genel **"Yüzyıllar Takvim Cetveli (YTc)"** hazırlayalım.

Yüzyıllar Takvim Cetveli (YTc)

Tablo 40:

Gördüğünüz gibi,bu genel tablodan artık (hem geçmiş hemde gelecek) tarihlerin günlerini bulabilirdik. Bulduk ta. Ve örnek olarak şöyle bir işlem yaptık.

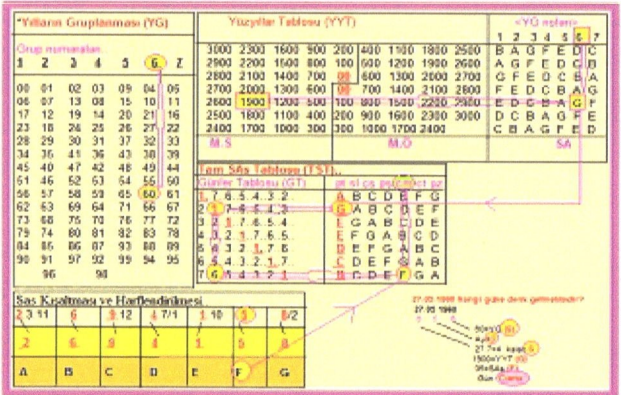

Tablo 41:

- Bu büyük ve en son yaptığımız genel **"Yüzyıl Takvim Cetveli (YTc)"** tablomuz sayesinde artık, çok daha kolay bir şekilde,(**verilen bir tarihin günü**)bulunabilecektir.

Kullanımına gelince.

- Öncelikli olarak bir tarih belirliyoruz. Bu tarih,(sizin yada bir başkasının doğum tarihi yada gününü bulmak istediğiniz herhangi bir tarihte olabilir.)

- Biz şöyle,(gününü daha önceden bildiğimiz),kolay bir tarihi ele alalım. Ve bu **"tarihin gününü"** tablolarımıza bakarak,bulmaya çalışalım. *Bakalım,"gününü bildiğimiz" bu tarihin verdiği "günü",bu tablomuzda bulabilecek miyiz?* Eğer bulabilirsek,o zaman (bu yaptığımız **"YTc tablomuzda"** doğru yapılmış bir tablomuz) demektir. Yani,(YTc tablosu doğrulanmış) olur.

SENİN DOĞUM GÜNÜN NEDİR?

- Mesela, diyelim ki;

27 Mayıs 1960 tarihi,hangi güne denk gelmektedir?

Bu tarihin günü,**(cuma'dır "cm")** Bakalım tablomuz bunu doğrulayacak mıdır?

Kulanımı;

1) Öncelikli olarak,(1960 senesinin **"son iki rakamını"** (60) dikkate alıyoruz. Bu rakamı,"YG tablosunda" bularak,(bu rakamın hangi **"YG numarasına"** denk geldiğini buluyoruz. (6) YG

2) Bu sene **(60)**,"**1900,lü asrın**" senesidir. Bu neden ile,"YYT çizelgesinden",("YG numarası") olan "**(6)** rakamı ile "**1900,lü asrın**" hizasında kesişen "harfi" buluruz. (G) SA

3) Sonrada,"TST çizelgesinden",bu **"G harfi"** bulunur. "TST çizelgesinin" (yukarıdan aşağıya doğru olan **"İlk harf dizimindeki harfler"**) dikkate alınır. Ve bu harfin hizasındaki "GT çizelgesindeki" (gün sayılarının başlangıcı) olan (1) sayısını dikkate alırız.

4) Sonra,"verilen tarihin günü" (27), "7 sayısından büyük " olduğu için ,bu sayıyı (1 ile 7) arasındaki bir rakama indirgeriz.

27 : 7 = 3 kalan 6   Kalan sayıyı dikkate alırız. (6)

5) "**27 Mayısın**" indirgenmiş sayısı olan bu "**6 rakamı**",(TST çizelgesinde, "**G harfine**" denk gelen (**1 sayısının**) altındaki rakamdır. (6)

6) Daha sonrada,"Mayıs ayının" kısaltılmış hali olan **"SAs harfi"** bulunur. (F)

7) En sonda,bulunan bu "6 rakamının" hizasında bulunan (F harfinin) **yukarısındaki "gün ismine"** bakarız. (cm)

SENİN DOĞUM GÜNÜN NEDİR?

- Buna göre; (**"27 Mayıs 1960"** tarihinin günü cuma (cm) **günüdür.**)

Yani,verdiğimiz ve önceden bildiğimiz tarihin günüde **"cuma (cm)"** idi. Demek ki,çıkan sonuç tablomuzu doğrulamıştı. Öyleyse **"tablo çizelgemiz"** (doğru ve geçerli) olan bir tablomuzdur.

"Verilen tarihin gününü bulma" işlememiz ,böylece (**bitmiş ve tamamlanmıştır.)**

Dahada Basite İndirgemek.

- Aslında muhteşem bir şey yapmış ve koskoca asırları bir tabloya (bu kadar basit bir şekilde) sığdırabilmiştik. Düşünsenize,(kendinizin yada sevdiklerininizin yada bir başkasının doğum gününü) bu **"özel tablo çizelgesi"** aracılığı ile (çok daha rahat ve kolay bir şekilde) bulabilecek ve sevdiklerinize "güzel sürprizler" yapabileceksiniz.

Hem de öyle **"eski takvimleri"** aramaya çalışmak ve bulmak gibi derdiniz olmadan. Yada "verilen herhangi bir tarihin gününüde", kolayca bulabilirsiniz bu yolla. *Ne kadar hoş bir durum değil mi?*

- Ama yine de hala eksik olan bir şey vardı.

Benim asıl amacım,(bu tabloları da ortadan kaldırmaktı.) Bu "genel tablo" olmadan,(**şöyle kafadan yapabileceğimiz**) asırlık bir **"Tablo çizelge cetveli"** hazırlamam gerekiyordu. Yani,anlayacağınız bu işi (çok daha kolay hale getirerek), dahada basite indirmem gerekiyordu.

- **Peki bunu nasıl yapacaktık?** Herşeyimiz hazırdı. Bu formülü dahada basite indirgemek için gerekli olan (tüm tablolar,veriler bilgiler) elimizde mevcuttu. Geriye (bunu basit formüle indirgeyecek **"mantık yürütme"** kalmıştı.) Düzgün bir şekilde "mantık yürütmem" gerekiyordu.

- Ve yavaş yavaş bu (mantığı yürütmeye ve azar azar meyvelerini almaya) başlamıştım.

70

- Yaptığım ilk "mantık yürütme";daha önceden yaptığım ve basite indergediğim (**Yıl Verilmeden "Gün-Ay-Gün İsmi" İle Gün Bulma ve Tablo Çizme.**) işleminin formülüydü;

Mantık Yürütme 1;

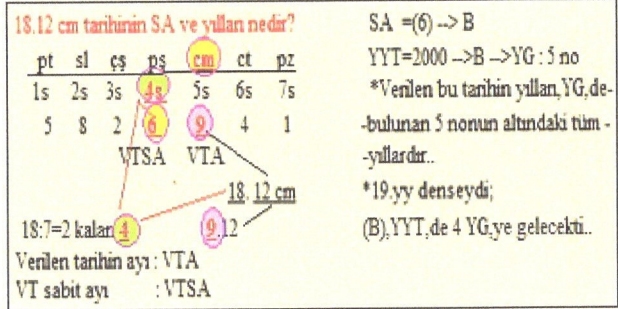

Tablo 42:

- **Hatırladınız değil mi?** Artık basite indirgenen bu yolla,yukarıdaki tablolarımızdan yararlanarak bir "**gün bulma**" yönünde mantık yürütüp-yıllarıda bulabilecektik. Fakat bu tablo,tam olarak "bir yılı" ifade etmiyordu.

Sadece "YG numarası" bulunan (**rakamın altındaki,tüm yıllar**) için yapılıyordu bu formül. Sade "**bir tek yılın bulunması**", daha iyi olurdu..

- Başka "mantık yürütmeleri" yapmalıydık. Yaptıkta. Şöyle bir "mantık yürütüp-formül" bulmuştum.

Mantık Yürütme 2;

```
24.07.2010 YG : 6

1  2  3  4  5  6  7     (YG)
F  E  D  C  B  A  G     (YYT 2000)
                        *SA doğrulamak için(SAs)
2  6  9  4  1  5  8     (SAs ve harfleri)
A  B  C  D  E  F  G

                        *Cetveldeki sıralama şekli(TST)..
A  G  E  E  D  C  B     (TST "yukardan aşağıya" koyu olan ilk harfler.)
1  2  3  4  5  6  7     (GT sırası)
                        24:7=3 kalan 3
E  G  A  B  C  D  E     (TST sırası "soldan sağa"olan harfler.)
5  8  2  6  9  4  1     (Harflerin sabit ay sayıları"SAs")
                        Ay:7 –> ( 4 7 / 1 )
pt  sl  çş  pş  cm  ct  pz   (Günler)
```

Tablo 43:

- Bakın bunun işleyişi (kullanımı) nasıldır?

Kullanımı;

1) İlk önce yapacağımız şey, "2010 senesinin" (1-7) arasındaki **YG numarasını** bulmaktır. **(6)**

2) Tablomuza önce (1-7) arasındaki **"YG sırasını"**, sonrada bu sayıların altına,"YYT cetvelinden" (**2000. asrın**) hizasındaki **soldan sağa doğru"** olan **"harf sırası"** yazılır. Sonrada **"YG no (6)** "rakamına denk gelen "harf" dikkate alınır.

SENİN DOĞUM GÜNÜN NEDİR?

```
2700 2000 1300 600 00 700 1400 2100 2800  F E D C B A G  (YYT)

1 2 3 4 5 6 7 (YG)
F E D C B A G (YYT 2000)
```

Tablo 44:

3) Sonrada,bu **"SA doğrulamak"** için,"SAs sırasını" (önce rakamları
,sonrada altına harfleri) yazılır. Gerçi bu doğrulamaya,sonradan "gerek
olmadığını anlamıştım. Ama burada belirtmekte fayda gördüm. Yani,bunu
aslında "isterseniz pasda geçebilirsiniz."

```
2 6 9 4 1 5 8 (SAs harfleri)
A B C D E F· G
```

Tablo 45:

4) Daha sonra,"TST cetvelindeki" (yukardan aşağı doğru) olan **"ilk harfler"**
yazılır.

(Bu harfler,aslında değişmeyen harflerdendir. "YYT ve YG" tablolarında
her zaman değişiklik olabilir ve sizlerde bunu değiştirebilirsiniz.

Ama **"sayılar** ve **harflerden"** oluşan "TST cetvelini" değiştiremezsiniz.
Bunda yapılan bir değişiklik,"sonuçları olumsuz yönde" etkiler. O yüzden
"TST cetvelindeki **harf** ve **sayılar"**, tıpkı **"SAs"** gibi **"değişmez** ve **sabittir."**)

5) Sonrada,bu "TST harflerinin altına",2.sırada (yada 3.sırada) belirlenen,
"A harfinin altından" başlayacak şekilde, **"soldan sağa doğru"**,(1-7) arasındaki
"GT rakamları" yazılır.)

73

SENİN DOĞUM GÜNÜN NEDİR?

A	G	F	E	D	C	B	(TST sırası,sabit harfler)
1	2	3	4	5	6	7	(GT sırası)

Tablo 46:

- Daha sonra,verilen tarihin "gün sayısı" **(24)** "7,den büyük bir sayı" olduğu için,bu sayı (1 ile 7) arasındaki bir rakama (7 sayısına) bölünerek indirgenir.

24:7=3 kalan 3

Tablo 47:

- Sonra **"kalan sayısı"**,yukarıdaki cetvelde bulunan (3,ün üstündeki **"F harfi"** dikkate alınır.)

A	G	F	E	D	C	B	(TST sırası,sabit harfler)
1	2	3	4	5	6	7	(GT sırası)

Tablo 48:

6) Değişmeyen (**TST cetvelinin**) "yukardan aşağıya doğru" olan "ilk harflerden",bu (F harfinin) hizasındaki "soldan sağa doğru" (F ile birlikte) tüm harfler yazılır. Sonra da altlarına,"**SAs rakamları**" yazılır.

F	G	A	B	C	D	E	(TST sırası)
5	8	2	6	9	4	1	(SAs rakamları)

Tablo 49:

7) En sonrada,"verilen tarihin ayı" olan (**7.ayın**),asıl **"SAs rakamını"** dikkate alırız.

SENİN DOĞUM GÜNÜN NEDİR?

Ay = 7---> SAs (4 7 / 1) 2 6 9 4 1 5 8

Tablo 50:

- En son yaptığımız cetvelin altına,(haftanın "gün isimlerini" tek tek yazarız. Ve "SAs 4" olan rakamın altındaki **"gün ismi"**,verilen tarihin günüdür.

```
F  G  A  B  C  D  E  (TST sırası)
5  8  2  6  9  4  1  (SAs rakamları)
pt sl çş pş cm ct pz (Günler)
```

Tablo 51:

* Günümüz "cumartesidir." İşte hepsi bu kadar. Tahminime göre biraz kafa karıştırıcı. Ama alışırsanız,belki çok hoşunuza giden bir **"gün bulma oyunu"** olabilir.

Aslında ben bunu (**2 sıra şekline**) bile indirdim. Ama,buraya yazmaya gerek görmedim. Çünkü,(aynı tas aynı hamam usülü) zırt pırt yine **"YG tablosuna"** bakıp-**"YG numarasını"** bulmak gerekiyordu. *Ne anladık,biz bundan?* O yüzden gerek görmedim buraya yazmaya.

- Tabii ki,böyle yapmak o kadar kolay bir şey değil. Hatta,yaptığımız en son büyük genel **"takvim cetvelinden"** bile biraz zor gibi geldi bana. *Bunun daha basitini bulmamız gerekiyordu.* Mantık yürütmeye devam etmeliydik. Çünkü artık işin son noktasına gelmeye başlamıştım. Yavaş yavaş o gerçek formülü bulmaya doğru ilerliyordum. Gerçektende öyle oldu. Biraz daha mantık yürüterek o gerçek,daha basite indirgenen formülü bulmaya başlamıştım artık.

- Elimde hazırladığım bu "basite indirgenmiş" çok sayıda sayfadan oluşan "tablolar" vardı. Fakat bir gerçeği söylemekte yarar vardı. Bu hazırladığım **"süpriz formül"** içeren **"tablo çizelgeleri"**,asırların hepsini içermiyordu. Çünkü,her birinin **"SAs ve YG sayıları"** (7 sayısına) bölündüğünden dolayı ,çok farklı ve karmaşık bir yapı içeriyordu. "Yapılamaz" demiyorum ama bayağı uğraşmanız gerekecek ve çok uzun tablolar hazırlamanız gerekebilir.

- Kaldı ki,benim aklımdaki şey (tabloya gerek kalmadan,akıl yürüterek **"akıldan"**) bu **"gün bulma"** problemlerini bulmaya çalışmaktı. Ancak "tüm asırları ,akıl içerisine" sığdırmaya çalışmak ta bayağı zor bir şeydir. O yüzden bende sadece,tek tek "Yüzyılları (asırları)" içeren "basite indirgenmiş" formüller bulup-buraya aktarmayı ve bunu sizler ile paylaşmayı uygun gördüm. "Daha iyisini ve daha basite indirgemesini" bulan olur ise,elbetteki "başımın üzerinde yeri vardır." Ben şahsen çok sevinirim. :))

- **"Zor bir işin,kolaylığını bulmak"** inanın çok güzel bir şey ve durumdur. Dinimiz bile, (**"zorlaştırmayınız kolaylaştınız"**) derken biz nasıl,zor olan işleri kolaylaştırmaya çalışmayız? Zor olan bir işin,kolaylığı varsa,(onun kolayını kullanmak yerine neden zor olanı kullanalım?) Zor olanı kullanmak,eğer o işin kolaylığı yoksa (kullanmak şeklinde olmalıdır.)

Şimdi gelelim,"**süper gizli! formülümüzü**" yapmaya. Daha basite indirgenmiş, "Yüzyıllar Takvim Cetvelinin",(akıldan yürütme) ile ilgili formülü.

YTc Akıldan Yürütme ("is" ve "ss")

* Öncelikli olarak şunu söylemem gerekir. (**"Formülü nasıl böyle basite indirgeyebilirim?"**) diye düşünürken,"**YG tablosundaki**" yılların,mevcut asırların(1900,2000 gibi) **"son iki sayısını"** oluşturduğunu anladım.

Acaba,işin sırrı bunda mı idi? Yani,bu **"son sayılar"**,;bizim elde edeceğimiz **"basite indirgeme formülünü"** barındırıyor muydu? Bunu öğrenmenin bir tek yolu vardı. Oda,yılların bu "son sayılarını" tek tek incelemekten geçiyordu.

- Ve şöyle bir şey geldi aklıma. (Bu **"son sayıların"**, bir de **" İlk sayısı (is)"** ve **"Son sayısı (ss)"** vardı.) Yani;

19<u>60</u> --> <u>60</u> --> (6) and (0)
(6) = ilk sayı (is)

76

SENİN DOĞUM GÜNÜN NEDİR?

(0) = son sayı (ss) gibi.

- Yılların **"son iki"** sayısından **"ilk rakamı (ilk sayı)"**, **"son rakamı** ise **(son sayı)"** olarak farketmiştim. Bir de bunların **"YG numaraları "** vardı. Hemen bu özelliğe göre bir tablo hazırladım. Ve şöyle bir tablo çıktı karşımıza;

ilk sayı(is) son sayı(ss)

	YG noları							(ss)	
	1	2	3	4	5	6	7		
(is)	9	4	8	7	2	6	5	0	1960
	0		3			1			
(is)	5	9	4	8	7	2	6	1	is ss
	0		3			1			YG 6
(is)	6	1	5	9	8	3	7	2	
		0	4			2			
(is)	7	6	1	5	9	8	3	3	
	2		0			4			
(is)	8	7	2	6	5	6	4	4	2044
	3		1		0				
(is)	4	8	7	2	6	5	9	5	is ss
		3		1	0				YG 7
(is)	5	9	8	3	7	6	1	6	
	0	4		2					
(is)	1	5	9	8	3	7	6	7	
		0	4		2				
(is)	2	6	5	9	4	8	7	8	
		1		0	3				
(is)	7	2	6	5	9	4	8	9	
		1		0	3				

Tablo 52:

- Tabloya baktığımda,bu (**ilk ve son sayıların**) nasıl bir işe yarayacağını,şimdilik kestiremiyordum. Ama sanki "olumlu sonuçlar" alacakmışım gibi,"akıl yürütmeye" devam ettim.

- Ve bu "akıl yürütme çizelgesini" oluşturabilmek için,önce **"YG**

tablosuna" ihtiyacımız vardı.

(0-99) arasındaki yılların **"YG tablosuna"** tek tek baktım ve kontrol ettim. Fakat anladım ki bu tablo aradığım değildi.

Asıl,("Yüzyılların" içinde olduğu ve **"SA sıralaması"** olan "YüzYıla" bakmam gerektiğini anladım.) Buna baktım ve aradığımı bulmuştum. Hemen buna göre ayrı bir **"tablo çizelgesi"** hazırladım. Gerçi daha önceden de vardı. Fakat (x) boşluğuda vardı. Bunda ise yoktu. Kaldırmıştım onları. Ve;

9	6	2	8	5	1	4 (1700)
4	9	6	2	8	5	1 (1800)
1	4	9	6	2	8	5 (1900)
5	1	4	9	6	2	8 (2000)
8	5	1	4	9	6	2 (2100)

00	01	02	03	09	04	05
06	07	13	08	15	10	11
17	12	19	14	20	21	16
23	18	24	25	26	27	22
28	29	30	31	37	32	33
34	35	41	36	43	38	39
45	40	47	42	48	49	44
51	46	52	53	54	55	50
56	57	58	59	65	60	61
62	63	69	64	71	66	67
73	68	75	70	76	77	72
79	74	80	81	82	83	78
84	85	86	87	93	88	89
90	91	97	92	99	94	95
	96		98			

Tablo 53:

- Bu tabloya tekrar baktım. Ve aradığımı gerçekten bulmuştum artık. Hemen,bu "YüzYıllara" ait (altlarında geçen) rakamlara göre ,çok ilginç bir **"tablo çizelgesi"** daha hazırladım. Ve bu tablomuzda **"YG"** dediğimiz zor zanaatta yoktu. Artık, "YG", bölümüne ihtiyaç kalmamıştı. "YG" olmadan da, bu işi halledebiliyorduk. Ama bu **"ilk sayı"** ve **"son sayı"** olayı devam ediyordu. Çünkü buna ihtiyaç vardı. Bana bir fikir vermişti..

19. Asır (yüzyıl)

- Bakın hazırladığım tablo nasıldı?

0-99 arası yıllar ve SAs 1900. YY..												
		0	1	2	3	4	5	6	7	8	9	is
ss	0	1	8	2	9	4	5	8	6	9	1	
	1	4	5	8	6	9	1	5	2	6	4	
	2	9	4	5	8	6	9	1	5	2	6	
	3	6	9	1	5	2	6	4	1	8	2	S
	4	8	6	9	1	5	2	6	4	1	8	A
	5	5	2	6	4	1	8	2	9	4	5	s
	6	1	5	2	6	4	1	8	2	9	4	
	7	4	1	8	2	9	4	5	8	6	9	
	8	6	4	1	8	2	9	4	5	8	6	
	9	2	9	4	5	8	6	9	1	5	2	

Tablo 54:

- Dikkat ederseniz,bu tablomuzda da (**ilk ve son sayı**) kavramları vardır.

(0-9) arasındaki sayılardan oluşan ve **sol taraftaki** (yukardan aşağı) olan sayılar **"son sayı (ss)"**; **en üsteki** (soldan sağa) olan sayılarda **"ilk sayıdır.(is)"** Ortadaki sayılarda,bu rakamların **"Sabit Aylarıdır.(SA)"**

-1900(19.)asırın tablosu olduğu için;

1945 --> 4(is) 5(ss) --> SAs(1)

Tablo 55:

80

SENİN DOĞUM GÜNÜN NEDİR?

- Farkettiyseniz eğer,oluşturduğumuz bu **"tablo cetvelimiz"** sadece **("1900" (19.) asrın çizelgesidir.**) Yani, daha öncede söylediğim gibi,(asırların hepsini akılda tutabilecek bir formül tablosuna sığdırmak) biraz zordu. Evet,normalde tablolarımıza sığdırabilirdik hatta sığdırıldı da. Fakat,ben bunda pek çözüm bulamadım. Ve sadece asırları tek tek (ele alıp-akılda tutabileceğimiz) ve istediğimiz zaman,kafamızdan bu formülleri (çıkartıp-hesaplar) yapabileceğimiz bir **"formül tablosunda"**, uğraşmayı daha uygun gördüm.

- Ve devam ettim. *("Bu 1900.asır tablosundan nasıl bir hesap yapabiliriz?")* diye. Cetvelimizde, ilgimi çeken bir şey vardı.

- Ortadaki "Sabit Ayların" sıralınışı düzenli bir şekildeydi. **(1.8...)** diye başlayıp - **(..6.4)** diye bitiyordu; Şöyle bir sıra düzeni oluşmuştu.

- **"Sabit Aylardan" oluşan bu "İlk sıra sayı düzeni"**;

(1 8 2 9 4 5 8 6 9 1) şeklinde idi. Bu sayı düzeninden "farklı olan sayıları" aramaya başladım. (9 1) sayılarından sonra ,**"farklı sayı düzeni"** sırası, (5 2 6 4) diye tamamlanıyordu. Başka "farklı sayı düzeninden" oluşan rakamlar yoktu. Ve ortaya şöyle bir rakam düzeni çıkmıştı.

Tablo 56:

*İşte bu sayı düzeni bana bir fikir vermişti. Madem **"SA cetvelinde"**,yılların **"son iki sayısına"** göre bu "sayı düzeni" yer alıyor. Ve birbirini "farklı yerlerde",belli bir yerden sonra "kendini yeniliyor" (yani takip ediyor).

Öyleyse (bu **"sayı düzeni"** ile "yılların bu **"son iki sayısı"**) arasında ciddi bir bağlantısı olabileceği fikri,bana mantıklı gelmeye başlamıştı. Ve şöyle bir tablo çıkmıştı karşımıza;

0-99 arası yıllar ve SAs
1900. YY..

		0	1	2	3	4	5	6	7	8	9	is
ss	0	1	8	2	9	4	5	8	6	9	1	
	1	4	5	8	6	9	1	5	2	6	4	
	2	9	4	5	8	6	9	1	5	2	6	
	3	6	9	1	5	2	6	4	1	8	2	S
	4	8	6	9	1	5	2	6	4	1	8	A
	5	5	2	6	4	1	8	2	9	4	5	s
	6	1	5	2	6	4	1	8	2	9	4	
	7	4	1	8	2	9	4	5	8	6	9	
	8	6	4	1	8	2	9	4	5	8	6	
	9	2	9	4	5	8	6	9	1	5	2	

Tablo 57:

- Ben bu bağlantının **aslında,**(tablonun **solundaki** "yukardan aşağı olan"
(0-9) arasındaki **"son sayıların (ss)",**bu yukarıda elde ettiğimiz **"Sabit
Aylara"** ait **"sıra sayı"** düzeninin (yukardan aşağıya doğru olan) **"İlk sıra
sayıları** (koyu renkli olan)" ile ilgili olabileceğini düşünmeye başlamıştım.)
Hemen bunlarla ilgili "bağlantıyı" çözmeye başladım. Şöyle bir şey çıkmıştı
karşımıza;

19.asır SA Bulma Tablosu.

SA bulma formülü : 1900 (19.asır)																
is																
SA	1	8	2	9	4	5	8	6	9	1	5	2	6	4		
ss	0		9	2	1		4	3		6	5		8	7		

Tablo 58:

SENİN DOĞUM GÜNÜN NEDİR?

- Böyle bir tablo çıkmıştı. Aslında,yukarıdaki **"ilk sayı (is)"**,sonradan kondu buraya. Bu (ilk sayının) yanına ekleyeceğimiz sayılar vardı. Fakat bu eklemeler,(yılların "son iki" sayısının **"ilk sayısına (is)"** göre yapacağımız rakamlardır.)

Tablomuzdaki,**"Sabit Aylar"**, bilindiği gibi diğer tablodan elde ettiğimiz **"sıra sayı"** düzenidir. Altındaki **(0-9)** arasındaki sayılarda ,(yılların "son iki" sayısına ait **"son sayılardır."**)

$$1974 \longrightarrow 74 \longrightarrow 7(\text{is}) ; 4(\text{ss})$$

Tablo 59:

Son sayının (ss) sıralanışı. ("ss" sayı dizimi.)

- Bu "son sayıların",tabloda "Sabit Ayların" (hangisinin altına,nasıl sıralanacağı da) başka bir sorundu. Ama sonradan anladım ki,(bu sayıların "sıralanış şeklinin" (**tek ve çift sayılarla**) ilgili olabileceği,yavaş yavaş aklıma gelmeye başlamıştı.) Yukarıdaki "ilk cetvelimizdeki SA,lar ile yanındaki (ss) rakamların birleşmesinden oluşan,bu formülümüzde";(**son sayının (ss))** **sıralanış şekli**;

(**0 921 43 65 87**) idi. Dikkat ederseniz,(tek ve çift sayıların) arasında bir bağlantı oluşmuştu.

9	1	3	5	7	Tek sayılar
0	2	4	6	8	Çift "

Tablo 60:

- Bu ayrımın "çok özel" olduğunu,daha sonradan yaptığım "hesaplamaların doğru çıkması" ile anlamıştım. Ayrıca,(**son sayının (ss)** bu "sıra düzeni"),sonradan yapacağımız,(diğer asırların tabloları içinde geçerliydi.) Bunun da farkına varmıştım.

83

Ayrıca şunu da ifade edeyim. Bu durum sadece (**tek** ve **çift**) sayılar ile ilgili değildi. (Tek ve çift) sayılar,"sıralama işlemini" kolaylaştırıyordu. Ama asıl,bu sıralanış şekli **53 numaralı tablo** ile alakalı idi.

Bu tablonun (**tablo 53**) altındaki sayılar,**(0-99)** arasındaki yılları ifade eden ,yılların "**son iki sayılarıdır.**" Yukarıdaki sayılarda,yüzyıllara ait ("SA" sayı dizimleridir.)

Bir örnek vereyim.

Diyelim ki,(0-99) arasındaki yıllardan "**son iki**" rakamı (01) olan "bir yıl seçmiş" olalım.

01
0 = İlk sayı
1 = son sayıdır.

54 numaralı tablonun (Tablo 54) **üstünde** bulunan ve "**soldan sağa doğru**" (0-9) arasındaki "**ilk sayı (is)**" sayı dizimindeki,(0) sayısı ile;

Tablonun solunda bulunan ve "**yukarıdan aşağıya doğru**" yazılan (0-9) arasındaki "son sayı (ss)" sayı dizimindeki,(1) sayısının "kesiştiği" noktada bulunan sayı,(son rakamı "01" olan yılına ait "SA" sayısıdır. **(4)**)

İşte bu şekilde,53 numaralı tablodaki ("ilk ve son" sayıların),"ilk basamaklarında" yer alan "ilk sayıların",birbirlerine denk gelen (**kesişen**) ortadaki sayılar,"(ss) sayı diziminin" oluşmasına neden olmuştur.

(**0 921 43 65 87**) (ss) sayı dizimi.

- Şimdi bu yaptığımız tabloyla ilgili ,"**gün bulma**" formül hesaplamalarını yapabiliriz.

SENİN DOĞUM GÜNÜN NEDİR?

"Gün Bulma" formül hesaplamaları.

- Öncelikli olarak,(bulmak istediğiniz "günün", yılına ait **"Sabit Ayını"** bu tablo ile bulacağız.)

- Ondan sonra,çok kolay bir "klasik yöntem" kullanılarak,istediğimiz sonuca (çok kısa sürede) varmış olacağız.

- İşte tablomuz;

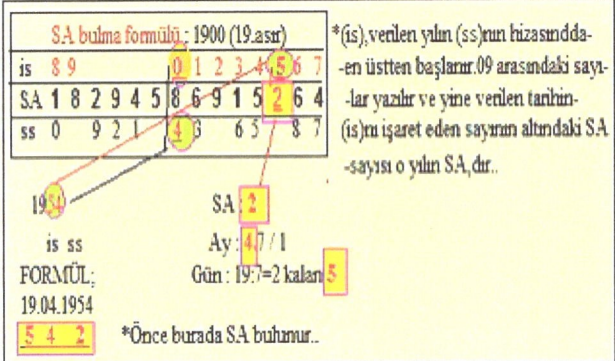

Tablo 61:

- Sonra aşağıdaki işlemler yapılır..

5 4 2	*1.yol* <Önce GT sırası.(soldan sağa doğru)yapılır.>
2	8 5 1 4 9 6 (TS sırası,yukardan aşağıya doğru olan sabit harfler)
1	2 3 4 5 6 7 (GT sırası,soldan sağa doğru) -->

Tablo 62:

85

SENİN DOĞUM GÜNÜN NEDİR?

```
5 4 2      2.yol  <Sonra.Gün sıralaması yapılır.>

2 8 5 1 4 9 6
1 2 3 4 5 6 7
cm pş çş sl pt pz ct  (Gün sırası,sağdan sola doğru) <--
```

Tablo 63:

```
5 4 2      3.yol <En sonda.ayın işaret ettiği SA.n altındaki gün bulunur>

2 8 5 1 4 9 6
1 2 3 4 5 6 7   Günümüz.(pt)dir..
cm pş çş sl pt pz ct
```

Tablo 64:

- Verilen tarihin yılının "Sabit Ayını" işaret eden,(sayının altına "soldan sağa doğru") (GT) ;

- "Günü" gösteren sayıyı işaret eden,(sayının altına da "gün sıralamaları" yapılır.)

- "Ayı" işaret eden (Sabit Ayların) altındaki gün,(o verilen tarihin günüdür.)

- Kullanımı şöyledir;

SA bulma formülü : 1900 (19.asır)												
is												
SA	1	8	2	9	4	5	8	6	9	1	5	2	6	4
ss	0		9	2	1		4	3		6	5		8	7

Tablo 65:

1) Önce Tablo ile "Sabit Ay" Bulunur:

86

SENİN DOĞUM GÜNÜN NEDİR?

1) Önce,verilen tarihin yılının (Sabit Ayını) bu tablo ile bulmamız gerekiyor. (**İlk sayının (is)**) bulunduğu yerdeki sayılar,**"(0-9) arasındaki sayılardır."**

- Ve verilen "tarih yılının **son iki**" sayısındaki (**son sayının (54) --> 4**) işaret ettiği yerin,(üstünden başlayarak **"0-9"** arasndaki bu sayılar) sıra ile,**"soldan sağa doğru"** tek tek yazılır..

SA bulma formülü : 1900 (19.asır)													
is	8	9		0	1	2	3	4	5	6	7		
SA	1	8	2	9	4	5	8	6	9	1	5	2	6	4
ss	0		9	2	1		4	3		6	5		8	7

19**54**

Tablo 66:

2) Sonra,yılın (**İlk sayının (54) --> 5**) işaret ettiği sayı olan (5),tablomuzdaki (**ilk sayıda**) bulunan (5) sayıdır. Bu sayının altında,işaret ettiği (Sabit Ayıda);"verilen tarihin yılının **"Sabit Ayıdır."** (2)

SA bulma formülü : 1900 (19.asır)													
is	8	9		0	1	2	3	4	5	6	7		
SA	1	8	2	9	4	5	8	6	9	1	5	2	6	4
ss	0		9	2	1		4	3		6	5		8	7

19**54**

Tablo 67:

2) Sonra işlem yaparak (formül ile),gün bulunur.

- Formülümüzde kullandığımız; (2 8 5 1 4 9 6) sizi şaşırtmasın. Ziraa **bu sayılar**,(daha önce yaptığımız ve kullandığımız "TST cetvelimizdeki" (hani şu hiç **değişmeyen** "yukardan aşağı doğru,ilk sıra sayılarından" oluşan **"TST**

harflerimiz" vardı ya,işte bu sayılar),o **harflerin rakamlarıdır**.

TST sırası sabit harfler ve sayıları..

```
Tam SAs Tablosu (TST)..
Günler Tablosu (GT)        pt sl çş pş cm ct pz
1..7..6..5..4..3..2..      A B C D E F G
2..1..7..6..5..4..3..      G A B C D E F
3..2..1..7..6..5..4..      F G A B C D E
4..3..2..1..7..6..5..      E F G A B C D
5..4..3..2..1..7..6..      D E F G A B C
6..5..4..3..2..1..7..      C D E F G A B
7..6..5..4..3..2..1..      B C D E F G A


A G F E D C B        2 6 9 4 1 5 8
2 8 5 1 4 9 6   ➡   A B C D E F G
```

Tablo 68:

-İşimiz daha kolay olsun (ve biraz da **numaratik** olsun [*_*]) diye yaptım bunu. Aslında öyle değil tabii ki,asıl böyle yapmamızın nedeni;(bu sayıların daha kolay bir şekilde akılda tutulabilmesi idi.)

- Asıl "SAs" olan (**2694158**),diğer tablolarımızda kullanabiliyorduk. Fakat burada kulanmıyoruz. Çünkü artık buna da gerek kalmadı. Haa tabiki,bu gerçek "SA sıralamasının" önemini yitirdiği anlamına gelmez. Çünkü,elde ettiğimiz tüm sayıların "**ana kaynağı**",bu asıl "SA sıralamasıdır." Bu sayının sayesinde böyle bir sonuca varabildik. Sonuçta artık,bunada ihtiyaç kalmadı. Ama "**Sabit Ayların**"ve "**SA sıralamasının**" ne işe yaradığını mutlaka bilmeniz şartı ile.

SENİN DOĞUM GÜNÜN NEDİR?

Bir Hesap;

- Şimdi,"**1954 yılına,gün ve aydan**" oluşan bir tarih belirleyelim.

Diyelimki;

19.04.1954 tarihinin günü nedir?

Şimdi bunun "çok kolaylaşmış" olan işlemini yaparak,tarif ettiği "günü" bulalım.

- Daha önce yaptığımız,yukarıdaki tablomuzda (**1954** senesinin "Sabit Ayının" **(2)** olduğunu öğrenmiştik.

Şimdide "**19.günün**" indirgemesini yapalım;

19 : 7 = 2 kalan (5)

Ayımızda **(4)** olduğuna göre;

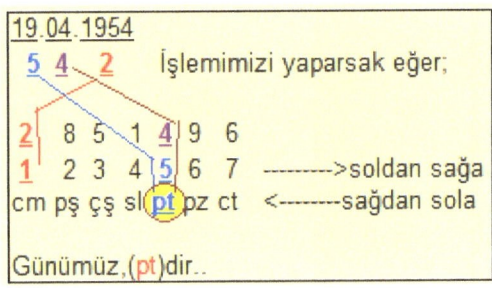

Tablo 69:

- Verilen tarihin yılının "Sabit Ayını" işaret eden,(sayının altına "soldan sağa doğru" (**GT sıralaması**);

- "**Günü**" gösteren sayıyı işaret eden sayının altına da (**Gün ismi**

89

SENİN DOĞUM GÜNÜN NEDİR?

sıralaması) yapılır.

- **"Ay"**ı işaret eden,"Sabit Ayın" altındaki **"gün"**,(işte o verilen tarih "yılının günüdür.")

- Şimdi de ,başka bir tarihi kullanarak,bir tablo hesabı yapalım.

12.09.1980 tarihinin günü nedir?

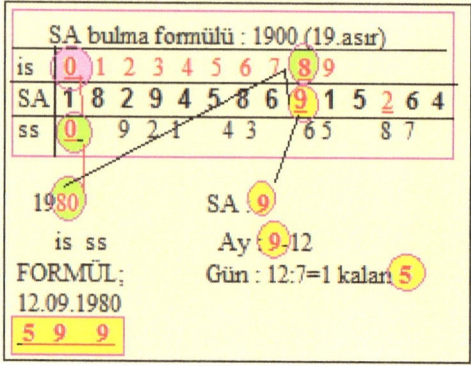

Tablo 70:

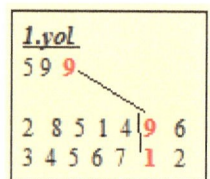

Tablo 71:

90

2.yol

5 9 9

2 8 5 1 4 9 6
3 4 5 6 7 1 2
çş sl pt pz ct cm pş

Tablo 72:

3.yol

5 9 9

2 8 5 1 4 9 6
1 2 3 4 5 6 7
çş sl pt pz ct cm pş

*12.09.1980 tarihinin günü cuma,dır..

Tablo 73:

Gördünüzmü,işimiz ne kadar kolay bir hale geldi? Düşünsenize,o kocaman tablolardan artık kurtulmuştuk. Bu (**1 SA bulma tablosu**) ile (**1 formül işlemi yapmak**),"*istediğimiz tarihin gününü*", çok kolay ve zahmetsiz bir şekilde bulabiliyorduk.

- Peki diğer asırlar?

("Kardeşim,biz 2000,li yıllara girdik. Asıl sen bu yüzyıldan bahset. Bunun "tablosu ve formülü" nedir? Bir göster bakalım bize!.)

Hay hay efendim,hemencecik göstereyim. [* _ *]

91

İşte,20.yüzyılın tablosu

0-99 arası yıllar ve SAs 2000. YY..											
	0	**1**	**2**	**3**	**4**	**5**	**6**	**7**	**8**	**9**	**is**
ss 0	5	2	6	4	1	8	2	9	4	5	
1	1	8	2	9	4	5	8	6	9	1	
2	4	1	8	2	9	4	5	8	6	9	
3	9	4	5	8	6	9	1	5	2	6	S
4	2	9	4	5	8	6	9	1	5	2	A
5	8	6	9	1	5	2	6	4	1	8	s
6	5	8	6	9	1	5	2	6	4	1	
7	1	5	2	6	4	1	8	2	9	4	
8	9	1	5	2	6	4	1	8	2	9	
9	6	4	1	8	2	9	4	5	8	6	

Tablo 74:

20.asrın SA sıra sayı düzeni: < 5 2 6 4 1 8 2 9 4 5 8 6 9 1 >

Tablo 75:

- Yukardan aşağı doğru (koyu renkli sayılar),aşağıdaki tablonun (**"son sayının (ss)"** (Sabit Ayına "SA") denk gelen sıralamasını) göstermektedir.

SA bulma formülü : 2000 (20.asır)													
is													
SA	5	2	6	4	1	8	2	9	4	5	8	6	9	1
ss	0		9	2	1		4	3		6	5		8	7

Tablo 76:

92

SENİN DOĞUM GÜNÜN NEDİR?

İşte formül tablomuz.

Bir Hesap;

12.09.2007 tarihinin günü nedir?

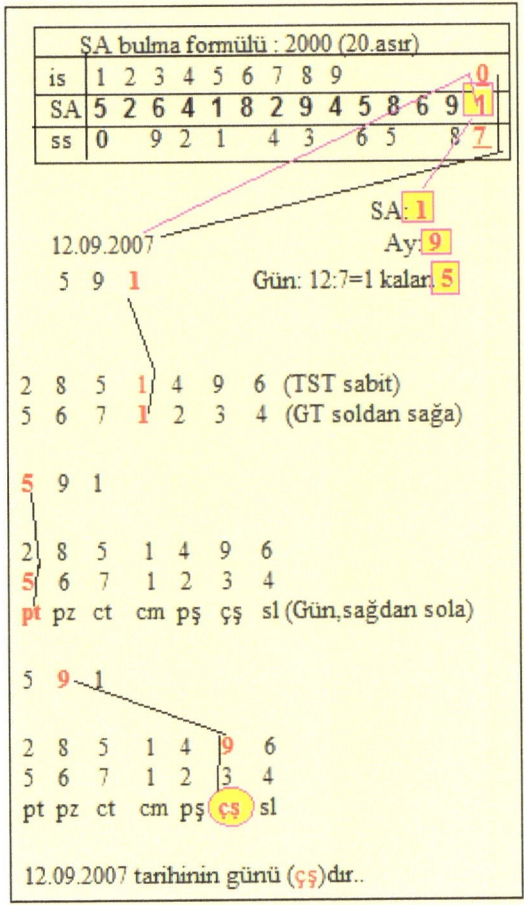

Tablo 77:

Şimdide başka bir tarihi,parçalara bölerek yapalım.

SENİN DOĞUM GÜNÜN NEDİR?

10.11.2010 tarihinin günü nedir?

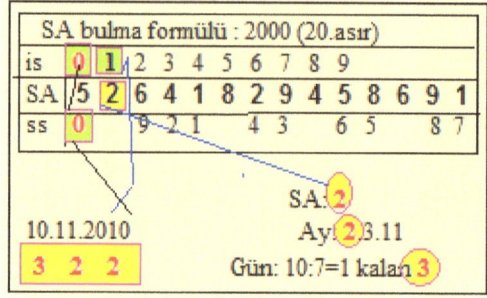

Tablo 78:

1.yol.

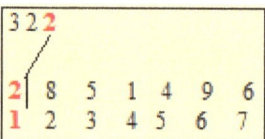

Tablo 79:

2.yol.

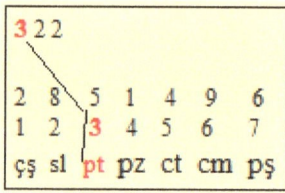

Tablo 80:

SENİN DOĞUM GÜNÜN NEDİR?

3.yol.

```
3 2 2

2| 8   5   1   4   9   6
1| 2   3   4   5   6   7
çş  sl  pt  pz  ct  cm  pş

*10.11.2010 tarihinin günü (çş)dır.
```

Tablo 81:

- Evet,herşeyi yapmıştık. Artık uzun tablolara ihtiyaç kalmamıştı. Ama hala eksik olan bir şey vardı.

Yüzyıllarda "Asır" Atlaması.

- Biz hala,tablolara bakıyorduk. Yani akıldan yapamıyorduk. Asıl tehlikeli görevimiz neydi? [* _ *]

Bu formülleri *"akılda tutabilmek ve hesapları akıl ile çözmeye çalışmaktı."* Tabloları kaldırmamız gerekiyordu. Üstelik,asırlardan sadece (19. ve 20. yüzyılların) tabloları vardı. Bunları genişletmemiz lazımdı. **Peki bunu nasıl yapacaktık?**

- Biraz daha "mantık yürütmeye" başlamıştım. (*Ne yapmamız gerekiyordu?*) diye.

Önce aklıma,bu **"YY sorununu"** halletmem gerektiği geldi. (19. ve 20. yüzyılların) bu "SA sıra sayı düzenlerini" yanyana getirdim. Artı ,ayrıca (1800 ve 1700) asırlarında "sayı düzenlerini" çıkartıp-bunların yanına koydum.

- Ve inanılmaz bir şeyle karşılaştım. "Yüzyılın" bu "SA sıra sayı düzeni",(aynı özelliğe sahip,aynı düzende idi.) Bunu farkettim. Yani,aslında

95

değişen falan bir şey yoktu. Değişen tek şey (sadece **yüzyıllar** ve onu takip eden **"SA düzeninin"** muntazam bir şekilde **"atlama göstermesi"** idi.)

"Sabit Ay" sıra sayı düzeninde **"sayı atlamaları"**.

SA sıra sayı düzeni (SAssd)	YY
5 2 6 4 1 8 2 9 4 5 8 6 9 1	20.asır
1 8 2 9 4 5 8 6 9 1 5 2 6 4	19 "
4 5 8 6 9 1 5 2 6 4 1 8 2 9	18 "
9 1 5 2 6 4 1 8 2 9 4 5 8 6	17 "

Tablo 82:

- İşte bu **"atlama"** şöyleydi.

1) "Yüzyıllara" ait olan bu sıralamanın,bir yüzyıldaki **"ilk 4" sıradaki sayıların (her "yüzyılın" geriye doğru sıralamasında EN SONA getirilmesi) ve;**

2) **(İleriye doğru sıralamasında ise sondaki "4 sayının" EN ÖNE getirilmesi)** ile oluşan bir **"sıralama şekli"** olduğunu farkettim. İşte **"atlama"** buydu..

- Yani,diyelimki; **(19.asırdan) "bir ileriye doğru",(20.asıra)** geçmek istiyorsunuz. Bunların,**"SA sıra sayı düzeninin" değişmesi** gerekiyor.

- İşte bu düzeni değiştirirken sadece ("19.asrın" sonunda bulunan **"son 4 sayıyı"** alarak,"sayı düzeni sıralamasının" önüne (**1 sayısının önüne**) getirmek ,bunun için yeterlidir.)

1	8	2 9	4	5	8	6	9	1	5 2 6 4	19 asır
5 2 6 4	1	8	2	9	4	5	8	6	9	1	20. "

Tablo 83:

- Eğer ,(19. asırdan) **"bir geriye doğru"**,(18. asıra) gitmek isteniliyorsa;(bu sefer," **en öndeki 4 sayıyı**,**en sona atmak"** yeterlidir.)

1 8 2 9	4	5	8	6	9	1	5	2	6	4	19 asır
4	5	8	6	9	1	5	2	6	4	1 8 2 9	18 "

Tablo 84:

- *Gördünüz değil mi ne kadar kolaymış?* Bu sorunuda "birazcık olsun" halletmiş olduk. Bu yüzyılların (**SAssd rakamlarını**) bir sıraya koyduğumuz zaman,bakın nasıl bir tablo çıkmaktadır?

SA sıra sayı düzeni (SAssd)	YY
5 2 6 4 1 8 2 9 4 5 8 6 9 1	20.asır
1 8 2 9 4 5 8 6 9 1 5 2 6 4	19 "
4 5 8 6 9 1 5 2 6 4 1 8 2 9	18 "
9 1 5 2 6 4 1 8 2 9 4 5 8 6	17 "
6 4 1 8 2 9 4 5 8 6 9 1 5 2	16 "
2 9 4 5 8 6 9 1 5 2 6 4 1 8	15 "
8 6 9 1 5 2 6 4 1 8 2 9 4 5	14 "
5 2 6 4 1 8 2 9 4 5 8 6 9 1	13 "
1 8 2 9 4 5 8 6 9 1 5 2 6 4	12 "
4 5 8 6 9 1 5 2 6 4 1 8 2 9	11 "
(----)	

Tablo 85:

"SAssd rakamlarını",yüzyıllara göre böyle sıraladığınız da,karşınıza,(her "**7**

97

asırda bir", sırasını **"tekrarlayıp yenileyen"** bir düzen çıktığını) görüyorsunuz.

- "20.asırdan" aşağıya doğru sıralamayı yaptığımızda, "13.asırdan" itibaren "SAssd rakamları",(kendini **"tekrar etmeye"** başlıyor.) Bu da bize,*(her "7 asırda bir", bu düzenin "kendini yenilediğini (tekrarladığını)" göstermektedir.)*

Yüzyılların harflendirilmesi

Şimdi kafa karışıklığı olmaması ve işimizi kolaylaştırması için,(bu **"7 sıraya ,birer harf"** verelim. Fakat" **harf ve rakamdan**" oluşan karmalarımız,(diğer tablolalarımızda olduğu için),bunlara (**1 harf** ve **1 sayıdan**) oluşan "**bir sıralama**" vermeyi uygun gördüm.

	SA sıra sayı düzeni (SAssd)												YY
A1	5 2	6	4	1	8	2	9	4	5	8	6	9 1	20
B2	1 8	2	9	4	5	8	6	9	1	5	2	6 4	19
C3	4 5	8	6	9	1	5	2	6	4	1	8	2 9	18
D4	9 1	5	2	6	4	1	8	2	9	4	5	8 6	17
E5	6 4	1	8	2	9	4	5	8	6	9	1	5 2	16
F6	2 9	4	5	8	6	9	1	5	2	6	4	1 8	15
G7	8 6	9	1	5	2	6	4	1	8	2	9	4 5	14

Tablo 86:

Yukardan aşağı olan,**"sayı sıralarına"** dikkat ettiniz mi?

- **"SAs"** olan sayılarımız (2694158) **aşağıdan yukarı doğru** olarak;

- **"YY Tablomuza"** ait olan (2851496) **"SAs"** olan sayılarımız **yukarıdan aşağı doğru** burada da kendini göstermektedir. Hemde (her bir yukarıdan aşağı) olan rakamlarda da.

- Şimdi de bunları,"yukardan aşağıya doğru" sıralayalım. Aslında rakamlarımız (**asır sayılarımız**) **"M.S ,soldan sağa doğru"**,**"M.Ö ise,**

98

sağdan sola doğru" bir yol izlemektedir.

A1	B2	C3	D4	E5	F6	G7	
				30	29	28	
27	26	25	24	23	22	21	
20	19	18	17	16	15	14	YY
13	12	11	10	09	08	07	
06	05	04	03	02	01	00	
MS							

Tablo 87:

A1	B2	C3	D4	E5	F6	G7	
00	01	02	03	04	05	06	
07	08	09	10	11	12	13	
14	15	16	17	18	19	20	YY
21	22	23	24	25	26	27	
28	29	30					
MÖ							

Tablo 88:

- Bunları birleştirdiğimizde ise;şöyle bir tablo çıkmaktadır.

A1	B2	C3	D4	E5	F6	G7	
				30	29	28	
27	26	25	24	23	22	21	MS
20	19	18	17	16	15	14	
13	12	11	10	09	08	07	
06	05	04	03	02	01	00	YY
00	01	02	03	04	05	06	
07	08	09	10	11	12	13	
14	15	16	17	18	19	20	MÖ
21	22	23	24	25	26	27	
28	29	30					

Tablo 89:

SENİN DOĞUM GÜNÜN NEDİR?

Asır Bilmecesi. (Yanlış inanışlar)

- Yukarıdaki sayılar **"YüzYıl (YY)"** sayılarıdır.

"M.S --> 20 --> 2000.YY" (20.Asır)
"M.S --> 19 --> 1900.YY" (19.Asır)
"M.S --> 09 --> 900.YY" (9.Asır) gibi.

Bu "asırlar" konusunda da şöyle **"yanlış bir inanış ve algılanış"** durumu var;

Örneğin,
- **"1900,lü yüzyılı"** ifade eden **"19.asrı"**,**"20.yy (asır)"**
- **"2000,li yüzyılı"** ifade eden **"20.asrı"** ise **"21.yy (asır)"** olarak görenler var.

Bu gerçekten,**"şaşılacak ve komik"** bir durum. *Neden böyle yapıyorlar,anlayamıyorum?* Anlamsız geliyor bana. Adeta bir "asır bilmecesi" gibi.

Adı üstünde,**"19.asır"** (**1900,lü yüzyılı**) ifade ediyor. **Nasıl,20.yy olabilir?**

"20.asrı da",(**21.yy**) olarak görüyorlar. Halbuki,(**20.yüzyıla**) gireli daha **"10 yıl"** oldu. Ve **"21.yüzyıla"** girmeye ise önümüzde daha **"90 yıl"** var.

Nasıl olabilir,(**"20.asır" --> "21.yüzyıl"**)? Gerçekten bu düşünceler "çok komik ve saçma" değil mi?

SENİN DOĞUM GÜNÜN NEDİR?

Formülü "akılda tutmaya kadar" indirgeme formülü.

- *Peki,ya formülü akılda tutma formüllerimiz?* Onlarıda hallettim. Merak etmeyin. Bakın,bu sorunu nasıl hallettim?

-Şu **"değişmeyen"** (SA) ile ilgili **"iki özel sayılarımız"** vardı. Hatırladınız mı?

- Asıl **"SAs rakamlarımız"** olan (2694158) ile "TST tablomuzdaki" yukarıdan aşağıya doğru", (ilk sıradaki sayı sıralaması) olan (2851496) sayılarımızdan bahsediyorum. İşte bu sayılarımız ile,bu yüzyıllara ait olan **"SA sıra sayı düzeni (SAssd)"** rakamları arasında ,bir bağlantı olduğunu farkettim.

- İşte bu özellikle **"19.asıra"** ait **"SAssd rakamlarını"** şöyle "bir işleme " tabii tuttum;

```
19.asıra ait SAssd rakamları;
1 8 2 9 4 5 8 6 9 1 5 2 6 4   19.YY
```

Tablo 90:

- Şimdi iyice dikkat edin. Bakın nasıl bir bağlantı çıkıyor?

- Önce bu sayıları baştan başlayarak,(**dörderli olarak** ,alt alta tek tek yazdım.)

```
4 3 2 1  sıra..
-----------
1 8 2 9
4 5 8 6
9 1 5 2
6 4
```

Tablo 91:

101

SENİN DOĞUM GÜNÜN NEDİR?

- Ne görüyorsunuz? Farkettiniz değil mi?

- **1.sırada** aşağıdan yukarı doğru,"ilk sayılar" (269).
- Ve onu devam eden diğer sayılar (4158) ise **3.sırada.**
- **2.sırada** ise yukarıdan aşağı doğru (285).
- Ve onu devam eden diğer sayılar (1496) **4.sırada.**

- Hatırlatmakta fayda var. (Bu sıralama sadece **"19.asır** "için geçerli.) Diğer asırlar için,bu yolun gösterdiği **"19.asır"** takip edilerek yapılabilir.

- Yani,(eğer **"19.YY"** ile ilgili **"SAssd rakamlarını"** kafadan çıkartamıyorsanız; (işte bu formülü kullanarak bunu başarabilirsiniz.)

- **Örneğin** şöyle bir **"taktik izlersek"** iyi olur. Hatırımızda kalır,hiç değilse.

- "19.YY" ile ilgili "SAssd rakamlarını" kafadan bulma yolu.

a) **"Aşağıdan yukarı doğru"** (2694158) numaraların, ""269" olan sayılarını **"sağ taraftan"** başlayarak (**1.sıraya**);

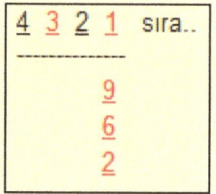

Tablo 92:

b) Ardından **"yukardan aşağı doğru"** (2851496) numaraların, "285" olan sayılarını (**2. sıraya**);

102

```
4  3  2  1   sıra..
---------------
      2  9
      8  6
      5  2
```

Tablo 93:

c) **(3 sıraya)** ise **"aşağıdan yukarı doğru,"**(2694158) numaraların **"4158"** sayıları yazılır.

```
4  3  2  1   sıra..
---------------
   8  2  9
   5  8  6
   1  5  2
   4
```

Tablo 94:

d) **4.sırayada ,"yukardan aşağı doğru",**(2851496) numaraların **"1496"** sayıları yazılır.

```
4  3  2  1   sıra..
---------------
1  8  2  9
4  5  8  6
9  1  5  2
6  4
```

Tablo 95:

- İşte hepsi bu kadar. Bunları,(üstten başlamak üzere,yanyana sıraladığımız da) ise,"**19.asrın, SAssd**" elde etmiş oluyoruz.

103

SENİN DOĞUM GÜNÜN NEDİR?

```
1  8  2  9
4  5  8  6
9  1  5  2
6  4
------------------------
1  8  2  9  4  5  8  6  9  1  5  2  6  4    19.YY
```

Tablo 96:

Yılların son sayılarını (ss) dizmede,kafadan bulma yolu.

- Birde "yılların son sayılarını" dizmekte var. Aynı şekilde,bunu da yaptığınızda herşey "çözülmüş ve halledilmiş" olacaktır..

- Şimdi bu sayılara dikkat edin. **(0-9)** arasındaki bu sayıların "sıralanış biçimi",(**tek** ve **çift sayılar**) olmasına göre yapıldığından dolayı,şöyle bir yol izleyebiliriz.

```
0  921  43  65  87  ss

      8 7
      6 5
      4 3
    9 2 1
        0  Aşağıdan başlamak üzere sıraladığınızda ise...
    ------------
0  921  43  65  87  ss  çıkmaktadır.
```

Tablo 97:

- Yani sayılarımızı doğrulamaktadır.

- Farkettiniz değil mi? Bunların "sıralanış şeklide" hemen hemen "aynı.**Çift**

104

ve tek sayılardan" oluşuyor. Akılda tutarak,**"sıralama"** bu şekilde yapılır ise, inanın sorun çıkmayacaktır. Herşey "doğru hatırlayabilmek" ve "mantıklı düşünüp-mantıklı kararlar verebilmekte."

Akıldan Yapmak İçin Bir Örnek Tablosu:

- Şimdi,gelin (**sil-baştan**) yapalım. Sanki,"akıldan yapıyormuş" gibi bir (tarih belirleyip-o "tarihin gününü", bu formül yolu ile bulmaya çalışalım.)

- Bunu buraya **"yazıp-çizmek"** yerine,bir **"tablo cetveline"** yapıp-göstermek,daha mantıklı bence. Anlaması da bu açıdan,çok daha kolay olacaktır:

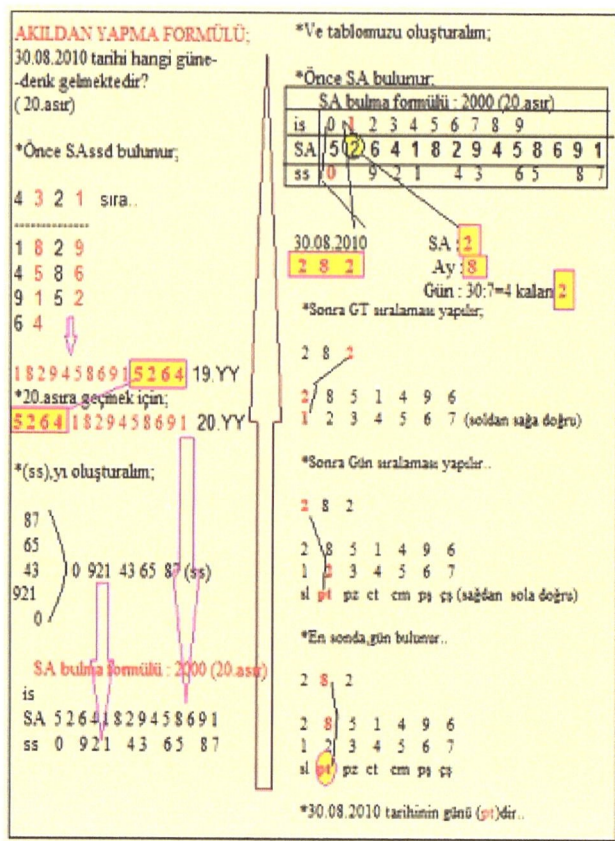

Tablo 98:

- Şimdi gelin,bunu öyle "renklendirmeden (renk vermeden)" yapalım. Bakalım yapabilecek miyiz?

[* _ *]

SENİN DOĞUM GÜNÜN NEDİR?

AKILDAN YAPMA FORMÜLÜ.

```
30.08.2010 tarihi hangi güne denk gelmektedir?

1 8 2 9
4 5 8 6
9 1 5 2
6 4

1 8 2 9 4 5 8 6 9 1 5 2 6 4    19.YY
5 2 6 4 1 8 2 9 4 5 8 6 9 1    20.YY

87
65
 43        0  9  2 1  4 3  6 5  8 7
921
  0

5  2  6  4  1  8  2  9  4  5  8  6  9  1
0     9  2 1     4 3     6 5     8 7
```

Tablo 99:

107

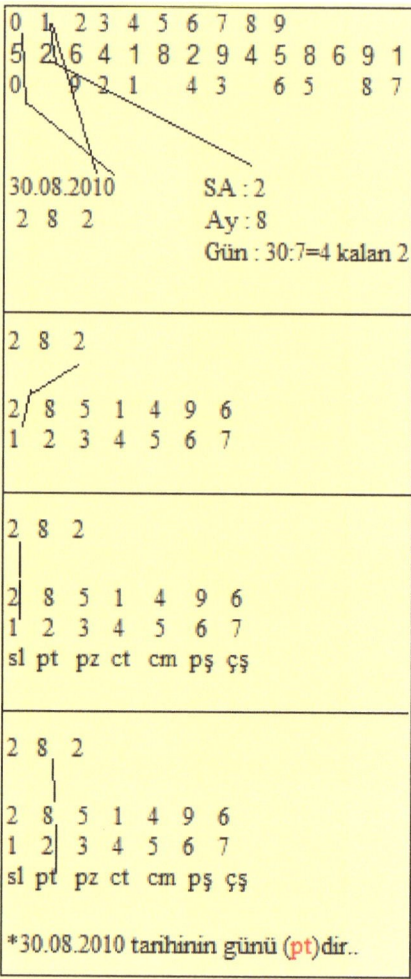

Tablo 100:

ÖRNEKLER;

- Şimdi yaptığımız bu **"gün bulma"** formüllerin kullanımı konusunda ,yeterince bir bilgiye sahip olduğumuza göre,(artık,bu hesaplamayı ,örnekler vererek şöyle "**kısaltarak**" da yapabiliriz.)

Mesela;

13 Temmuz 1954 **yılının günü nedir?**
(Bakalım bu tarihte doğanlar,hangi günde doğmuş?) [* _ *]

Örnek 1:

13.07.1954   İşlemimizi yaparsak eğer;

6 4 2

2) 8 5 1 4 9 6
1) 2 3 4 5 6 7 -------->soldan sağa
ct cm pş çş sl pt pz <--------sağdan sola

Günümüz,(salı)dır..

Tablo 101:

Kullanımı;

1) Önce,"yıl ile,**soldan sağa** "GT" sıralaması" yapılır.
2) Sonra,"gün ile,**sağdan sola** "gün ismi" sıralaması" yapılır.
3) En sonda,"ay ile,**ayın işaret ettiği** "gün ismi" " bulunur..

Gördünüz değil mi? Hesaplamayı,ne kadar basite indirdik?

Düşünsenize,("M.Ö ve M.S" tarihleri bile,bu formül ile,kolaylıkla bulabiliyorsunuz.) **Önemli olan,(**gününü bulmak istediğiniz **yılın,**"Sabit Ayını (SA)" bulmak yada bilmenizdir)

Yaptığınız bir "gün hesaplamasında",eğer (yılınızın **"Sabit Ayını (SA)** " biliyorsanız,"yukarıdaki tabloda bulunan "formülü" kolayca yapabilirsiniz.")

SENİN DOĞUM GÜNÜN NEDİR?

Bilmiyorsanız,(o yılın "Sabit Ayını (SA)" mutlaka öğrenmeniz gerekir) **"SA"** olmadan,**"gün bulma formülü"** bir işe yaramamaktadır.

- **"Günü bulmak"** için yapacağınız formül yılının "Sabit Ayını (SA)" (**akıldan bulma yolu**) ile bulmak istemiyorsanız,(o zaman daha önce "yapıp-hazırladığımız" yılların **"Sabit Aylarını (SA)"** gösteren aşağıdaki bu tablodan yararlanabilirsiniz.)

Bu tablo sadece (**17.** ve **21. YY**) içerisindeki "yıllarını" içermektedir. Zaten diğerlerine de pek gerek yok. İşimize yarayabilecek olanların **"tablosu"**, aşağıdadır.

			SA				
9	6	2	8	5	1	4	(1700)
4	9	6	2	8	5	1	(1800)
1	4	9	6	2	8	5	(1900)
5	1	4	9	6	2	8	(2000)
8	5	1	4	9	6	2	(2100)

00	01	02	03	09	04	05	
06	07	13	08	15	10	11	
17	12	19	14	20	21	16	
23	18	24	25	26	27	22	
28	29	30	31	37	32	33	
34	35	41	36	43	38	39	
45	40	47	42	48	49	44	Yıllar
51	46	52	53	54	55	50	
56	57	58	59	65	60	61	
62	63	69	64	71	66	67	
73	68	75	70	76	77	72	
79	74	80	81	82	83	78	
84	85	86	87	93	88	89	
90	91	97	92	99	94	95	
	96		98				

Tablo 102:

110

Örnek 2;

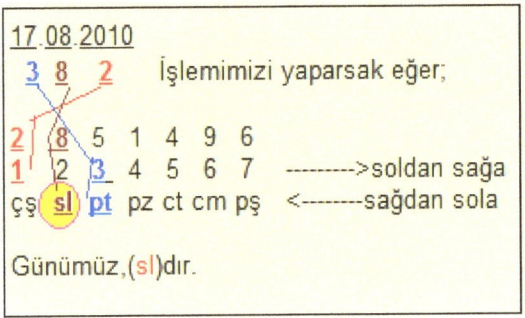

Tablo 103:

"Sabit Ayın" (**gün sıralamasını**),kolayca anlayabilmek için,(**"düzenli olarak"** şöyle bir "**sırayı takip ettiğini**" bilmemiz gerekir.) Bu sıralamayı bilirseniz,hesabı yapmanız daha da kolaylaşmış olacaktır.

```
SAs gün sıralaması;

2  8  5  1  4  9  6      SAs
1  2  3  4  5  6  7
2  3  4  5  6  7  1
3  4  5  6  7  1  2   ----->soldan sağa
4  5  6  7  1  2  3      (GT sırası)
5  6  7  1  2  3  4
6  7  1  2  3  4  5
7  1  2  3  4  5  6
```

Tablo 104:

Bunların "**gün isimleride**" .**(pazartesiden)** başlayarak ,verilen tarihin "gün sayısının" altına gelecek şekilde "**sağdan sola**" doğru yazılarak sıralanır.

Örnek..

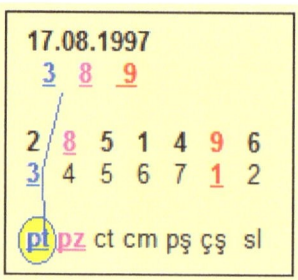

Tablo 105:

- Önemli bir not eklemek istiyorum.

- Burada da **"29 çeken"** yılların (sadece **"ocak** ve **şubat"** ayları ile ilgili bir **"gün bulma"** hesaplaması yapıldığında),yine aynı şekilde (yanlız **ocak-şubat** ayları için geçerli olan **sıralamalar**) dikkate alınmalıdır.

Eğer almak istemezseniz eğer,o zaman (yaptığınız hesaplamada çıkan sonucun,bir önceki günü (29 çeken yılların sadece **ocak-şubat** ayları için) dikkate almanız gerekir.)

Aşağıda,(şubat ayı,29 çeken yılların) bir tablosu bulunmaktadır. Bu "yıllara" dikkat edin.

SENİN DOĞUM GÜNÜN NEDİR?

Şubat ayı 29 çeken yıllar.

29 çeken yıllar; (Yılların,son iki rakamına göre..)

00	20	40	60	80
12	32	52	72	92
4	24	44	64	84
16	36	56	76	96
8	28	48	68	88

Hatırlama Yolu (akıldan bulma):

2-4-6-8 (0 4 8) --> 20,24,26,28 40,44...gibi
(0,4,8)de bu 29,lara dahildir..

1-3-5-7-9 (2 6) --> 12,16,32,36...gibi
(2,6) bu 29,lara dahil değildir..

Tablo 106:

- En son olarakta (**29 çeken**) yılların,sadece (**ocak** ve **şubat**) ayları ile ilgili "**gün bulma**" formüllerini bulmaya çalışalım. Bakalım yapabilecek miyiz?

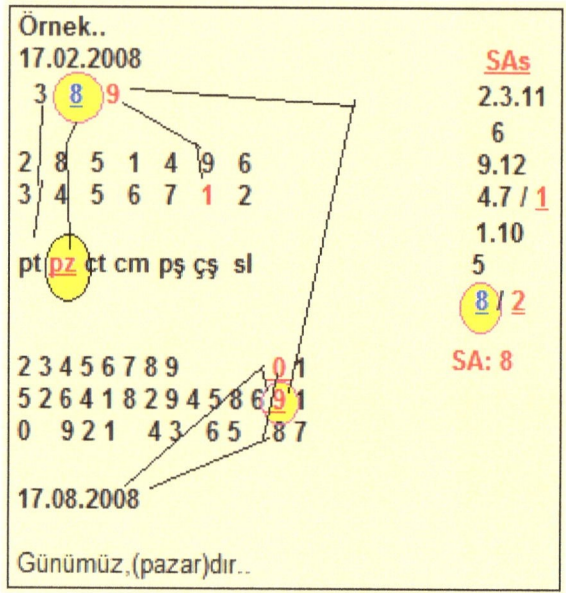

Tablo 107:

- "**2008**" yılının şubat ayı "**29 çektiği**" için; ("şubat ayı" ile ilgili yaptığımız hesaplamada verilen "tarihin günü",("SA sıralamasının" (koyu renk) ile yazılan," 8 sayısının yanındaki,**2 sayısına**" göre bulundu.)

"**28 çeken**" bir tarih olsaydı,bu normal (**2 sayısı**) olacaktı..

- Birde "**ocak**" ayı ile ilgili bir "**gün bulma formülü**" yapalım;

114

SENİN DOĞUM GÜNÜN NEDİR?

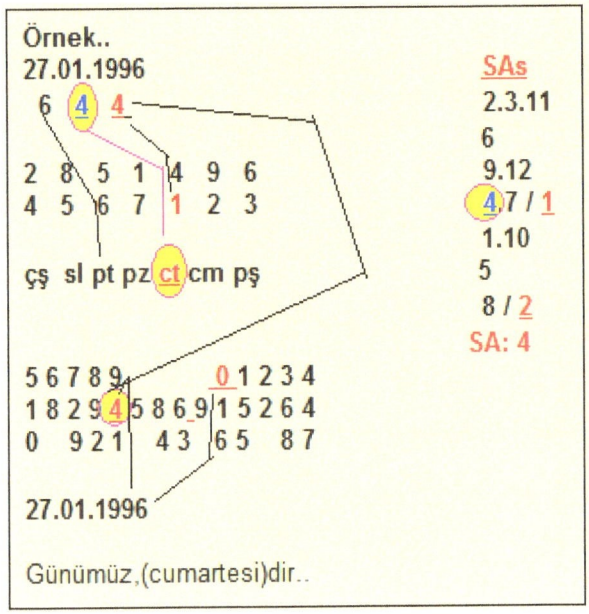

Tablo 108:

- Ocak ayı ile ilgili yaptığımız,bu formülde (günümüz "cumartesi" günüdür.)

İşte gördünüz. Bu" son hesaplamamız" idi. Artık,hazırlanılan **"gün bulma formül tabloları"** ile ,(verilen yada istenilen herhangi bir tarihin günü) çok kolay bir şekilde ,bulunabilir. Bu tablolar,gerçekten çok işimize yarayacak.

Çok önemli bir not ekleyeyim.

Tablolarımız "hem M.Ö hemde M.S tarihlerin", (**"günlerini bulmada"** bize yardımcı oluyor.) Ancak,sadece (M.Ö tarihlerde) belki" **tam doğru bir gün**" vermeyebilir. Bunun nedeni de,(tarih boyunca yapılan "**takvim değişiklikleridir.**") Bu "takvim değişiklikleri",özellikle de **(1582)** tarihinde son bulmuş ve **"miladi takvime"** geçilmişti. Ve bu "miladi takvim" (**devamlı-**

115

sürekli) kılınmıştır.

Bu neden ile **"gün bulma"** işlemlerinde,(özellikle de (1582) tarihinden önceki "tarihlerin günleri" tam doğru bir şekilde bulunmayabilir.) Belki,(verilen bir tarihin günü) **"yaklaşık olarak"** bulunabilir.

Zihinden "gün bulma" işlemi.

Kafadan (zihinden) "gün bulma" işlemine son bir kez daha bakalım.

Diyelim ki,(biri,size herhangi "bir yılın tarihini" verdi. Ve bu "tarihin gününü" ,(**zihinden**) bulmanızı istedi.)

Verilen tarih : "30 Ağustos 2010" tarihi olsun.

1) "İlk önce" yapmanız gereken şey,(verilen tarihin) ,**"hangi yüzyıla"** ait olduğunu bilmektir.

(2010) = 20. yüzyıla ait yıldır.

2) Sonra,bulunan bu 20. yüzyılın ,(**"SA" sayı dizimleri**) çıkarılır. Bunun için daha önceden ,(tablolarımız ile ortaya çıkan ve "SA" kavramında **"değişmeyen,iki özel sayılarımız"** vardı.

(**2 6 9 4 1 5 8**) ve (**2 8 5 1 4 9 6**)

İşte bu sayılarımızı,daha önceden yaptığımız şekilde **sıralıyoruz;**

SENİN DOĞUM GÜNÜN NEDİR?

(2 6 9 4 1 5 8)
----
(269)   "**1.sıraya**", "aşağıdan yukarı doğru" yazılır.
(4 1 5 8) "**3.sıraya**", "aşağıdan yukarı doğru" yazılır.

(2 8 5 1 4 9 6)

(2 8 5)   "**2.sıraya**",yukarıdan aşağıya doğru" yazılır.
(1 4 9 6) "**4.sıraya**",yukarıdan aşağıya doğru" yazılır.

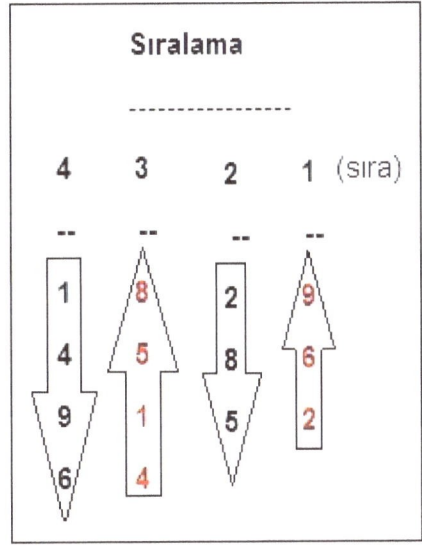

Tablo 109

SENİN DOĞUM GÜNÜN NEDİR?

Sıralama

----

4 3 2 1   (sıra)

-- -- -- --

1 8 2 9

4 5 8 6

9 1 5 2

6 4

Sonra ,yukarıdan başlayarak ,"**soldan sağa** doğru" rakamları yan yana diziyoruz.

(1829 4586 9152 64) Bu çıkan "sayı dizisi",("19.yüzyıla" ait "SA sayı dizimleridir.")

"20.yüzyıla" ait "SA sayı dizimlerini" bulmak için,bu (19.yy,"SA" sayı dizimindeki) "**son dört sayılar,ön tarafa alınır.**"

(18294586915264) "**19.yy ; SA sayı dizimi**"

(52641829458691) "**20.yy ; SA sayı dizimi**"

3) Sonra da,"**yılların son sayısını (ss)**" ifade eden **(0-9)** arasındaki sayıları,daha önceden "sıraladığımız gibi (**aşağıdan yukarı doğru**) diziyoruz."

(0 1 2 3 4 5 6 7 8 9) **(ss)**

Tek sayılar : 1 3 5 7 9
Çift sayılar : 0 2 4 6 8

SENİN DOĞUM GÜNÜN NEDİR?

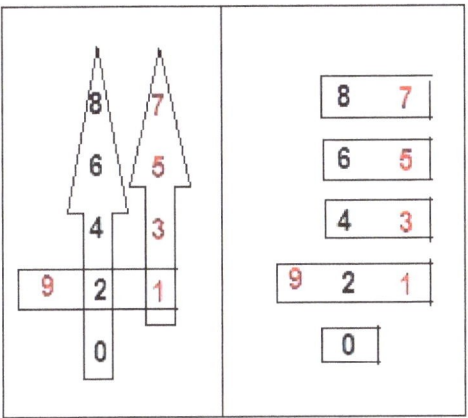

Tablo 110

```
8 7
6 5
4 3
9 2 1
  0
```

Burada,sadece **(9)** sayısını **(7)** sayısından sonra değil, **(2)** sayısının yanına ekliyoruz. Böylece,bunları **"aşağıdan yukarı doğru"** ,"yan yana" getirdiğimizde,karşımıza şöyle sayılar çıkıyor.

(0 921 43 65 87) "Yılların **"son sayılarını"** ifade eden ,sayıların dizimi."

4) Şimdi de ,ortaya çıkan bu sayıları, **"alt alta"** şu şekilde sıralayalım.

----
5 2 6 4 1 8 2 9 4 5 8 6 9 1 **(SA)** ; "20.yy"
0   9 2 1   4 3   6 5   8 7 **(ss)**

SENİN DOĞUM GÜNÜN NEDİR?

Neden bu şekilde sıralama? Diye düşünenler olur ise,(19 ve 20. yy) ile ilgili tablolara dikkatlice tekrar bakmalarını tavsiye ederim.

Mesela ,bu şekilde yapılan sıralamada**,("0-9"** arasındaki sayıların,"20.yüzyıla" ait "SA" sayılarının "bazıları ile eşleşmesi"),tamamen **"20.yy tablosu"** ile ilgilidir.

"20.yy" tablosunun **"sol bölümünde"** bulunan,yılların **"son sayılarını (ss)"** ifade eden **(0-9)** arasındaki rakamlar,yanlarındaki (ilk **"SA" sayı dizimine**) denk gelen "sayılar ile eşleşiyor." Bu nedenden dolayı,**"(ss) sayıları"** ile "20.yy **"SA sayı dizimlerindeki"** bazı sayılar,bu şekilde sıralanmış oldu.

NOT : Konu ile ilgili özellikle de **"53 ve 54** numaralı tabloları" ve **"altındaki yazıları"** tekrar incelemeniz gerekir.

5) Evet. Şimdi,önemli olan **"sayı dizimlerini"** bulduğumuza göre,**"hesaplama işlemini"** yapmaya başlayabiliriz.

Sıraladığımız bu "sayı dizilerinden",(verilen tarihin), **"Sabit Ayını"** bulacağız.

"SA" bulma tablosu.

```
----------------------------------
(is)  =
(SA)  =   5 2 6 4 1 8 2 9 4 5 8 6 9 1
(ss)  =   0   9 2 1   4 3   6 5   8 7
----------------------------------
```

Yukarıdaki ("SA" bulma tablosunda),bu (2010) tarihin **"son sayısı (ss)"** olan **(0)** rakamının hizasında bulunan,üstündeki **"ilk sayının (is)"** olduğu yere ,"**soldan sağa** doğru" **,(0-9)** arasındaki sayıları yazıyoruz.

Yani,tabloda gösterilen ((**ss**) **"0"** rakamının) işaret ettiği,yukarıdaki ((**is**) bölümündeki) noktaya **"0-9"** arasındaki sayılar,"**soldan sağa** doğru yazılır.

"SA" bulma tablosu.

(is) =   0 1 2 3 4 5 6 7 8 9
(SA) =   5 2 6 4 1 8 2 9 4 5 8 6 9 1
(ss) =   0   9 2 1   4 3   6 5   8 7

Verilen tarih : 30 Ağustos 2010

Tablo 111

6) Daha sonra,verilen tarihin (2010) **"ilk sayısı (is)"** olan (1) rakamının ("SA" bulma tablosunun), **"ilk sayı (is)"** bölümünde işaret eden (1) rakamının altındaki sayı,(tarif edilen yılın (2010) "Sabit Ayıdır. (SA)")

"SA" bulma tablosu.

(is) =   0 1 2 3 4 5 6 7 8 9
(SA) =   5 2 6 4 1 8 2 9 4 5 8 6 9 1
(ss) =   0   9 2 1   4 3   6 5   8 7

Verilen tarih : 30 Ağustos 2010

SENİN DOĞUM GÜNÜN NEDİR?

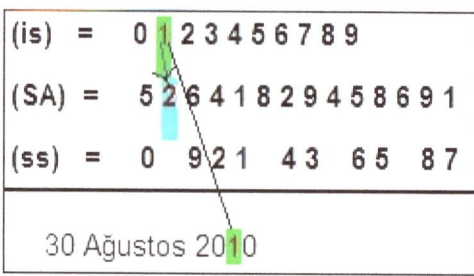

Tablo 112

Böylece,"**2010**" yılının (sabit ayının (**SA**)), **"2"** olduğunu anlıyoruz.

7) "2010" yılının "sabit ayının (SA) "2" olduğunu öğrendik. Şimdi de,verilen tarihin (**ay** ve **günlerin**) kısaltmalarına bir bakalım.

Verilen tarih : 30 Ağustos 2010

30   = 30 : 7 = 4 **Kalan** (2) **"Gün"**
08   = (8) **"Ay"**
2010 = (2) **"SA"**
-- --- -----
2   8   2

30.08.2010
-- --- -----
2   8   2

8) Şimdi de **"hesaplamamıza"** geçelim.

A) Önce **"(GT) sıralamasını"** yapıyoruz.

   "GT" sıralamasında geçerli olan ve değişmeyen "**7 haneli (2851496)**" rakamlarımızı,bu hesaplamızda kullanıyoruz.

122

SENİN DOĞUM GÜNÜN NEDİR?

30.08.2010

-- --- -----

2   8   2

2 8 5 1 4 9 6
1 2 3 4 5 6 7 (**soldan sağa doğru**)

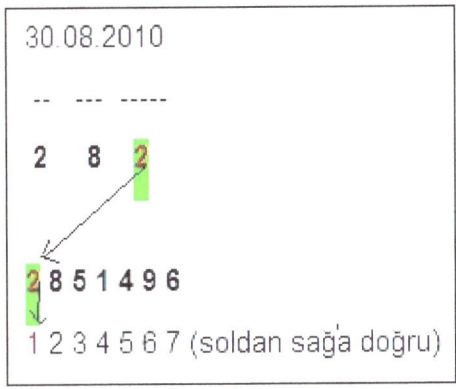

Tablo 113

"**SA**" sayısı olan "2" rakamının altından başlayarak,(1-7) arasındaki
"**günlerin**" sayılarını "**soldan sağa doğru**" yazıyoruz.

B) Sonra da "**gün sıralaması**" yapıyoruz.

30.08.2010

-- --- -----

2   8   2

2 8 5 1 4 9 6
1 2 3 4 5 6 7
sl pt pz ct cm pş çş   (**sağdan sola doğru**)

SENİN DOĞUM GÜNÜN NEDİR?

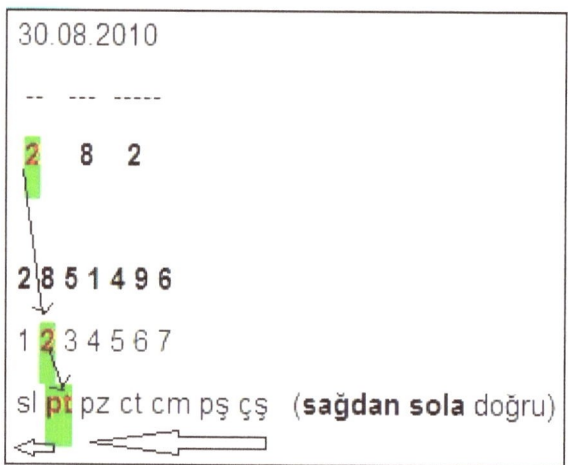

Tablo 114

Burada,("gün" isimlerinin kısaltmalarını),tabloda verilen tarihin "gün" kısmında çıkan sayının altından başlayarak,**"sağdan sola doğru"** yazıyoruz. Eğer sıralamada yer bitti ise,sıralama **"en sağdan"** başlanır ve **(pt)** gününe kadar (**sola doğru**) ,"gün isimleri" yazılır.

C) En sonda,"**gün**" bulunur.

Burada "günü bulmak" için,verilen tarihin "ay" kısmı kullanılır.

30.08.2010

-- --- -----

2   8   2

2 8 5 1 4 9 6
1 2 3 4 5 6 7
sl pt pz ct cm pş çş

SENİN DOĞUM GÜNÜN NEDİR?

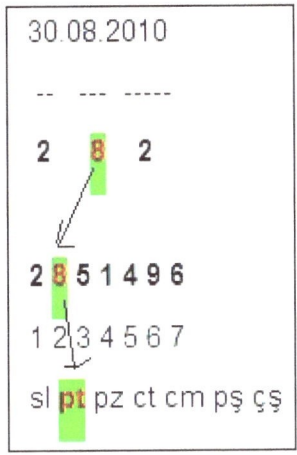

Tablo 115

Görüldüğü gibi,(**30.08.2010**) tarihinin günü (**pazartesi**) günüdür.

Daha da kısa anlatalım.

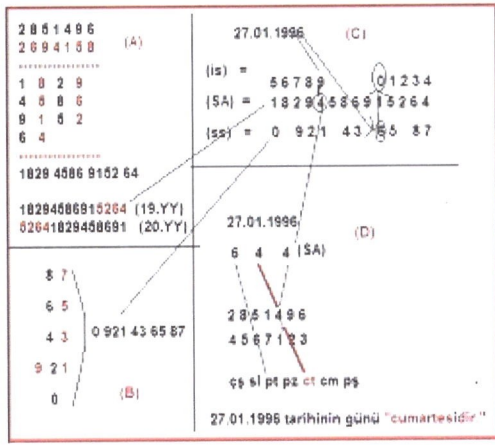

Tablo 116

Gördüğünüz gibi. **"Gün bulma"** işlemini bu şekilde kısaltmış oluyoruz. En yukarıda anlatılan bilgileri,umarım anlamışsınızdır. Anlarsanız,buradaki kısaltmayı da rahatlık ile anlayabilirsiniz.

Evet,hepsi bu kadar. Ancak,öyle kafadan mafadan çözmek istemezseniz eğer,belki bu tablo işinize çok yarayabilir.

Aşağıdaki **"gün bulma cetvel tablosu"**,,resimden oluşan bir **"YTc tablosudur."** Buradan kolaylık ile günleri bulabilirsiniz. Hadi,"iyi gün bulmalar." **[* _ *]**

Gün bulma cetvel tablosu.

Tablo 117

126

SENİN DOĞUM GÜNÜN NEDİR?

3.BÖLÜM

Bazı Enteresan Hesaplamalar

"Takvim Cetveli" sisteminin,(DNA ve ATOM) sistemlerine olan benzerliği.

Diklkat ettiyseniz ki,ben çok dikkat ettim. ("**Takvim cetveli**" sisteminin kendi içinde olan bütünlüğünü koruyabilmesini,sistemi oluşturan "yılların hatta yüzyılların" bir düzen içinde birbirlerini sürekli takip etmesi ve tekrarlaması sonucu olduğu kanısından yola çıkarak);

- Yaptığımız bu "takvim cetveli" formülünün (.**İnsan(canlı)** DNA,sı ile Maddenin**(cansız) ATOM**) moleküller yapısı arasında "bir bağlantı" (daha doğrusu ciddi "bir benzerlik") olabileceğini düşündüm...

Bu kanıya varmamın en büyük nedeni,(DNA ve ATOM) molekül yapılarının da,(tıpkı **"Takvim Cetveli"** sistemi gibi bir düzen içinde molekül yapılarını koruyabilmeleri ve hayatlarının devamlılıklarını sağlayabilmeleri olmasıdır.)

Gerçektente (DNA ve ATOM) molekül yapıları,(kendi içlerinde hiç değişmeyen muntazam bir sistem düzenine sahiptiler.) "**Devamlılıkları** ",bu (değişmeyen sistem düzenine) bağlıydı. "*Sistem düzeninde" yapılabilecek (yada olasılık dahilinde oluşabilecek) herhangi "en ufak bir değişiklik*",(hem DNA hemde ATOM molekül yapılarında) bu yönde "olumlu yada olumsuz" bir şekilde etkileyebilir ve "bazı değişikliklere" sebep olabilirdi.

"Takvim Cetvelinin" takip ettiği "sistem düzeninde" de böyle bir muntazamlık vardı. O muntazamlık olmasaydı,"**gün bulma**" formülünün böyle formüllere indirgeme durumlarıda ,belki de olamayacaktı. Sistemin takip ettiği "hiç değişmeyen" bir düzeni vardı. İşte o düzen,bu konudaki "tabloların oluşturulması ve formüllerin bulunması" işini kolaylaştırmıştı..

İşte bu nedenden dolayı,"**Takvim Cetveli**" sistemi ile (DNA ve ATOM

127

molekül yapı sitemleri) arasında ciddi bir benzerlik olabileceği kanısını ortaya atmıştım. Eminim sizlerde benim gibi bu kanıya varmış,hatta sadece **"takvim cetveli** "değil,*(düzenli bir şekilde devamlılıklarını sağlayan diğer tüm "canlı yada cansız" ,"madde yada eylem-uygulama vb" durumlarda da olabileceği düşüncesine girmiş dahi olabilirsiniz.)*

"**Takvim Cetveli**"nde yer alan yılları ve yüzyılları bir düşünün. Herbirinin takip ettiği bir yolu,bir düzen sırası ve yapması zorunlu olan bir görevi var. İşte takip edilen bu (yol-sıra ve görevler),takvimlerin kendi içlerindeki "**Takvim Sistemini**" oluşturması ve matbaalarda ise takvimlerin kolaylıkla basılması ve insanlarında tarihleri kolaylıkla bulabilmesini sağlıyor. Bir nevi,insanların tarihler ile ilgili çok önemli bir ihityacını karşılamış oluyor. Burada sistem tıkır tıkır işliyor.(DNA ve ATOM) moleküllerinde de böyle tıkır tıkır işleyen bir makanizma var..

("Bunların en ufak atom parçacığı yada "**DNA molekül**" yapı taşı hangisidir?") diye sorduğumuzda kısaca şu cevabı verebiliriz.

("**Milatlar-yüzyıllar-yıllar-aylar-haftalar-günler(gün isimleri)**" ve daha da ilerisine gidersek eğer,(**"zaman-saat-dakika-saniye-milisaniye"**) olarak,tarihlerin "en küçük yapı taşlarını" bulmuş oluruz. Hatta daha da ilerisine gidilip-(**zaman ve tarihle**) ilgili çok önemli ciddi bir takım "veri bilgileri" elde edilebilir. Ve bu "bilgi ve verilerle"**,(zaman yolcuğu ve ışınlanma)** gibi kavramlar konusunda çok önemli adımlarda atılmış olunur.

İşte canlıların (DNA ve Maddelerin ATOM) yapıları konusunda da,böyle araştırmalar yapılarak (**tıpkı tarih ve zaman gibi**) çok önemli "veri bilgileri" bulunabilir. Bu verilerle,(bu molekülleri oluşturan,en küçük yapı taşlarının o gizemli dünyasına girilerek),özellikle de canlılardaki her türlü (rahatsızlık,hastalık ve olumsuzluklara) çareler bulunabilmesinin yolu açılmış olunur.

Canlıdan alınan "kan örneği",o canlının (DNA, yapısınıda) içinde barındıran bir yapıya sahiptir. "Kan-DNA" ilişkisinde,son zamanlarda "kan yoluyla" yapılan bir çok ciddi sağlık araştırmaları (AR-GE) göstermiştir ki,(DNA sisteminin nasıl oluştuğu ve yapısının hangi özellikler taşıdığı gibi ciddi "bir takım veriler" elde edilmiştir.) "Kan yoluyla" elde edilen bu (**DNA veri bilgileri**),gelecekte canlıların (özellikle insanlığın sağlık problerinin çözümü konusundada ciddi yardımı olabilecektir.) "DNA ve ATOM sistemleri" konusunda,daha derinlere gidilerek araştırmalar yapılması konusunda,eminim ki,bu durumlar birilerine belki ilham kaynağıda olabilir..

HİCRİ VE MİLADİ TAKVİMLERİN BİRBİRLERİNE ÇEVRİLMESİ;

- Eski "**hicri takvimlerini**" bilirsiniz. "İslam aleminin" uzun asırlar boyunca (hatta günümüzde dahi kullanageldikleri),"hicri takviminin **başlangıcı**" konusunda,birçok "**İslam aliminin**" farklı yaklaşımları vardır.

Kimine göre **Hz.Peygamberin (sav) "doğum yılı**" olan (571). Kimine göre ise (**579** yada **Rumi 580**,dir.) Hatta farklı farklı tarihler verenlerde vardır. Hangisinin doğru olduğu konusunda ,tam bir mutabakat yoktur.

Bunu zaman zaman verilen bazı "**Hicri-Miladi takvimlerin**" karşılaştırılmasında ortaya çıkan farklı farklı sayıların varlığından anlıyoruz. Hangisine inanacağız,tam olarak bilinemiyor. O yüzden, baktım ki bu böyle olmuyor,(hemen oturdum bu konuda da bazı hesaplamalar yaptım.)

"Hicri ve miladi takvimlerin", birbirine çevrilmesi konusunda,bayağı ilerleme sağladım. Bakın nasıl bir (**H-M Karşılatırma**) formülleri buldum;

Şimdi Burdan Başlayalım; (Temel İlkeler)

*Hicri ve Miladi karşılaştırmasında şöyle bir yol izleyeceğiz;

Kısaltmalar ;
Hicri : **H**
Miladi : **M**

- Hicri takvim başlangıçlarını (571) olarak ele alırsak eğer;

SENİN DOĞUM GÜNÜN NEDİR?

571			
M-H	**M-H**	**M-H**	**M-H**
71-00	97-26	22-51	47-76
72-01	98-27	23-52	48-77
73-02	99-28	24-53	49-78
74-03	00-29	25-54	50-79
75-04	01-30	26-55	51-80
76-05	02-31	27-56	52-81
77-06	03-32	28-57	53-82
78-07	04-33	29-58	54-83
79-08	05-34	30-59	55-84
80-09	06-35	31-60	56-85
81-10	07-36	32-61	57-86
82-11	08-37	33-62	58-87
83-12	09-38	34-63	59-88
84-13	10-39	35-64	60-89
85-14	11-40	36-65	61-90
86-15	12-41	37-66	62-91
87-16	13-42	38-67	63-92
88-17	14-43	39-68	64-93
89-18	15-44	40-69	65-94
90-19	16-45	41-70	66-95
91-20	17-46	42-71	67-96
92-21	18-47	43-72	68-97
93-22	19-48	44-73	69-98
94-23	20-49	45-74	70-99
95-24	21-50	46-75	
96-25			

Tablo 118

- "Hicri takviminin başlangıcı" olarak,"Hz.Peygamberin (sav)" (doğum yılını "**571**") dikkate aldık. (

- (**571**) yılı, **Miladidir**. Bunun "**Hicri yılı ise (00)**" ile başlayan başlangıçtır.

Karşılaştırmalı Yıl Takvimleri

- Şimdi,bu **"Hicri-Miladi takvim başlangıçlarını"** dikkate alarak,günümüze kadar (hatta daha da ilerisine) olan **"Karşılatırmalı Yıl Takvimlerini"** bir bir çıkaralım;

Tektek	Onaronar	Yüzeryüzer	Binerbiner
M - H	M - H	M - H	M - H
571 - 00	581 - 10	671 - 100	1671 - 1100
572 - 01	591 - 20	771 - 200	1771 - 1200
573 - 02	601 - 30	871 - 300	1871 - 1300
574 - 03	611 - 40	971 - 400	1971 - 1400
575 - 04	621 - 50	1071 - 500	2071 - 1500
576 - 05	631 - 60	1171 - 600	2171 - 1600
577 - 06	641 - 70	1271 - 700	2271 - 1700
578 - 07	651 - 80	1371 - 800	2371 - 1800
579 - 08	661 - 90	1471 - 900	2471 - 1900
580 - 09	671 - 100	1571 - 1000	2571 - 2000
581 - 10		1671 - 1100	

Tablo 119

- Burada "Hicri ve Miladi" takvimlerin,(Miladi 571), **"Hicri takvim başlangıcına"** göre,günümüze hatta daha da ilerisindeki bir tarihe kadar olan (**2571 yılı gibi**) bir "çizelge tablosu",çıkarttık.

Bunu çıkartmamızın nedeni,**"Miladi-Hicri Takvim** Karşılatırmalarında" yapacağımız formüllerde kullanım kolaylığı göstermesindendir. Yavaş yavaş bu kolaylığı dahada kolaylaştırmaya çalışalım.

- Buna göre,(yukardaki **tablo çizelgemize** göre);bunları,işimizi daha da kolaylaştıracak bir şekilde anlaşılır bir hale getirelim.

131

SENİN DOĞUM GÜNÜN NEDİR?

M - H
571 - 00
671 - 100
771 - 200
871 - 300
971 - 400
1071 - 500
1171 - 600
1271 - 700
1371 - 800
1471 - 900
1571 - 1000
1671 - 1100
1771 - 1200
1871 - 1300
1971 - 1400
2071 - 1500
2171 - 1600
2271 - 1700
2371 - 1800

Tablo 120

- Şimdide "Hicri ve Miladi takvimlerin", (birbirlerine çevrilmesini) ele alalım;

HESAPLAMA YÖNTEMİ FORMULÜ.

- Yukarıdaki karşılaştırmada,(**sol taraf** "Miladi takvimin" başlangıcı olan **"571"** ile **sağ taraf** "Hicri takvimini" (ki **"71"** miladi başlangıcının **"00"** sayısından başlanmasını gösterir.)

- Miladi,nin (**571**) olan bu "başlangıcı" aslında,("Hicri takviminin" (**00**) ile başlayan başlangıcıdır.)

- "Hicri ve Miladi takvim" karşılaştırmasında,,formüllenme yolunu

SENİN DOĞUM GÜNÜN NEDİR?

kullanacağız;

- Formüllenme yolunda,(Miladi,nin "başlangıcı" olan (**571**) sayısı) ile ("sonu" (**00**) arasındaki "**sayı farkı**" dikkate alınır.)

Formüllenme Yolu;

$$600 + 571 = \underline{29}$$

Tablo 121

- "Hicri takvimine" göre,"Miladi,nin **başlangıcı**" ile "**ilk sonu**" arasında "**29 yıl fark**" vardır.

- "**600**" sayısı,"**500**,den" sonra gelecek olan,(diğer **100,lük sayıdır**.)
  (Sayı Farkı sonucu "**SFs**")

- ("**571**" sayısının "**71**") sayısı esas alındığı için;

571 --> 600

671 --> 700 gibi,bu sırayla böyle devam eder.

Tablo 122

- Bu fark sayılarını,diğer başka "Miladi (Hicri) takvim başlangıçlarına" görede uygularsak eğer;

133

SENİN DOĞUM GÜNÜN NEDİR?

```
600 - 571 = 29

600 - 579 = 21

600 - 584 = 16   sayı farklarını elde etmiş oluruz.
```

Tablo 123

Bunları doğruladığımızda ise;

```
( 571 + 29 = 600 )

( 579 + 21 = 600 )

( 584 + 16 = 600 )

Sayı Farkının sonucunu(SFs) bulmuş oluruz..
```

Tablo 124

- Bu sayı farkının,**"Miladi tarihin başlangıcı"** ile o başlangıcı takip eden ve "Hicri yıllara" karşılık gelen diğer "Miladi yıllara" toplanmasında çıkan sonucu (**"SFs"**) aşağıdaki tabloya eklediğimizde,şöyle bir tablo çıkmış olur;

Sayı Farkı sonucunu (SFs) ekleme :

Örnek:

```
571 + 29 = 600   ;

671 + 29 = 700 gibi,

-(sayı farkından) çıkan sayılar eklenir.
```

134

SENİN DOĞUM GÜNÜN NEDİR?

Tablo 125

Zaten bu sayılar (**SFs**),hesaplamalarda kolaylık olsun diye,"Hicri başlangıç" olan "Miladi yılların (mesela 571 sayısının) sonucu bulmak için,(arada bulunan "farkın toplanması" ile elde edilen **Miladi Yüzyılları** ifade etmektedir.)

- "**571**" başlangıç sayısıda dikkate alınabilirdi. Ama bu biraz kafa karıştırıcı olurdu. (Anlaşılabilr ve daha kolay) olan "sabitleştirilmiş" olan bu sayıyı (**SFs**) kullanmanın daha doğru olacağını düşündüm;

M - H	SFs
571 - 00	600
671 - 100	700
771 - 200	800
871 - 300	900
971 - 400	1000
1071 - 500	1100
1171 - 600	1200
1271 - 700	1300
1371 - 800	1400
1471 - 900	1500
1571 - 1000	1600
1671 - 1100	1700
1771 - 1200	1800
1871 - 1300	1900
1971 - 1400	2000
2071 - 1500	2100
2171 - 1600	2200
2271 - 1700	2300
2371 - 1800	2400

Tablo 126

- Şimdi işimizi dahada kolaylaştıralım ve ("571" Hicri takvim başlangıcının) yanına diğer ,"Hicri takvim başlangıçlarından" en çok kullanılan (**579** ve **Rumi 584**) başlangıçlarını da ekleyerek,(süper anlaşılır bir tablo çizelgesi çıkartalım.)

135

SENİN DOĞUM GÜNÜN NEDİR?

Karşılaştırmalı tablo çizelgesi.
(571,579 ve Rumi 584 Hicri Takvim Başlangıçlarına ait)

571,579 ve Rumi 584 H.Takvim Başlangıçları					
Miladi			**Hicri**	**SFs**	
571	579	584	00	600	
671	679	684	100	700	
771	779	784	200	800	
871	879	884	300	900	
971	979	984	400	1000	
1071	1079	1084	500	1100	
1171	1179	1184	600	1200	
1271	1279	1284	700	1300	
1371	1379	1384	800	1400	
1471	1479	1484	900	1500	
1571	1579	1584	1000	1600	
1671	1679	1684	1100	1700	
1771	1779	1784	1200	1800	
1871	1879	1884	1300	1900	M-H
1971	1979	1984	1400	2000	H-M
2071	2079	2084	1500	2100	
2171	2179	2184	1600	2200	
2271	2279	2284	1700	2300	
2371	2379	2384	1800	2400	

Tablo 127

FORMÜLÜ:

- Şimdide gelelim,bu karşılaştırmanın nasıl yapıldığına.

136

SENİN DOĞUM GÜNÜN NEDİR?

Miladiden Hicriye Geçiş:

- Aşağıdaki "sayı farklarını",sadece (Miladiden Hicriye Geçiş),yani;(verilen herhangi bir **"Miladi yılının"**,**"Hicri yılının"** ne olduğunu bulmak) için kullanacağız.

571	579	584	
+29	+21	+16	(Sayı Farkları) =< sf >

Tablo 128

- **Verilen Miladi Yıl (VMY)** = **1987** diyelim.

Bu verilen "miladi yılın",(son "iki sayısını";**"sayı farkı"** ile bu **"miladi yıla"** denk gelen **"Hicri Yüzyılını"** birbirine toplarız.)

Çıkan sonuç,(verilen **"Miladi yılın,***Hicri karşılığıdır."*)

Soru : Peki,Miladi bir yılın karşılığı olan "Hicri Yüzyılını" nasıl anlayacağız?

Cevap : Çok basit;**"1987",hangi yüzyılın yılıdır? "**
1900,lü yüzyılın" Miladi senesidir. Bu yüzyıl,"Sayı Farkının sonucu (**SFs**)" olan yüzyılın,"miladi yüzyılıdır."

Burada;"SF sayının" (1900) karşılığı olan, yanındaki, **"Hicri"** yüzyılın senesini **(1300)** kullanacağız;

- Şimdi,"Miladi-Hicri" (**M-H**) karşılatırma formülünü yapalım;

137

SENİN DOĞUM GÜNÜN NEDİR?

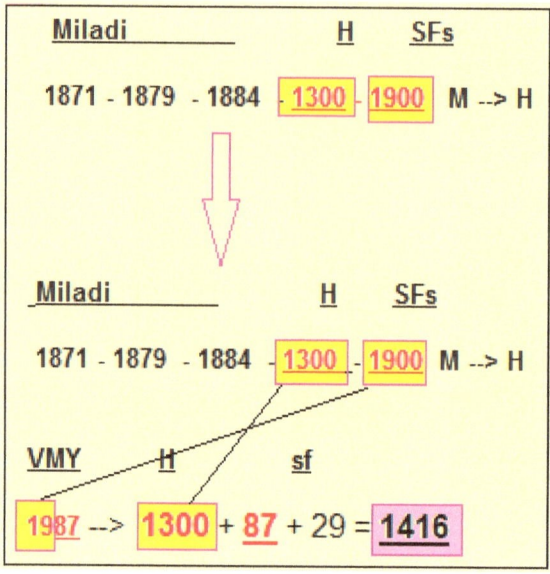

Tablo 129

- "1416" senesi,verilen "1987" (miladi yılın),*Hicri karşılığıdır.*

Hicriden Miladiye Geçiş.

"Hicriden Miladiye Geçie" ,yani;(verilen herhangi bir **"Hicri yılının,Miladi yılını bulmada"**) ise daha basit bir yöntemi kullanacağız.

- **Verilen Hicri Yıl (VHY)** = **1416** diyelim.

Bu verilen Hicri yılın,(**"son 2 rakamı"**;Miladide karşılığı olan "yıl ile" toplanır.)

Çıkan sonuç,(verilen **"Hicri yılın,Miladi karşılığıdır."**)

138

SENİN DOĞUM GÜNÜN NEDİR?

Soru : Peki,Hicri bir yılın karşılığı olan "Miladi Yüzyılını" nasıl anlayacağız?

Cevap : Çok basit; **"1416",hangi yüzyılın yılıdır?**
(1400,lü yüzyılın) Hicri senesidir. Bu yüzyıl, **"Hicri"** olan yüzyılın,"**hicri yüzyılıdır"**. Burada;hangi "Hicri başlangıç kullanılıyorsa (**571**),o "Hicri yılın" altındaki, "Hicri yüzyılın" karşılığı olan sene (**1971**) kullanılacaktır.

- Şimdi "Hicri-Miladi" (**H-M**) karşılatırma formülünü yapalım;

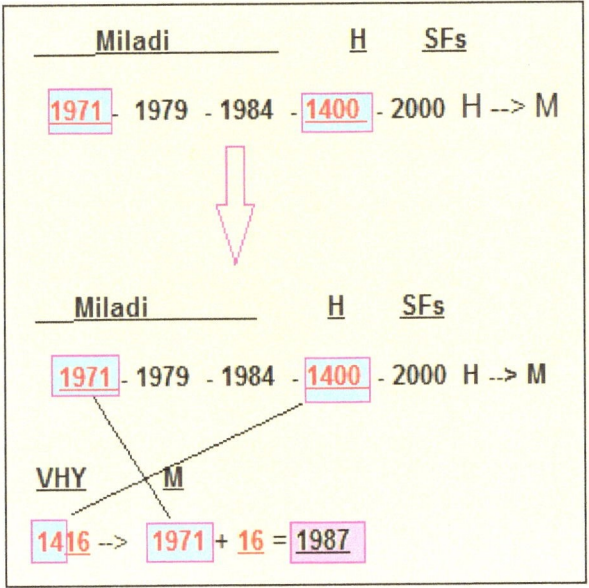

Tablo 130

- "1987" senesi,verilen,"1416" (hicri yılın),*Miladi karşılığıdır..*

- Yanyana koyarsak bunları;aslında "birbirlerini doğrulamış olduklarını da görmüş oluruz. Bu formül, (sadece **"571 Hicri başlangıcı"** içindir.) Diğerleride aynı şekilde,bulunabilir.

139

571 için; Sayı Farkı; 29

M-H --> 1987 --> 1300 + 87 + 29 = **1416**

H-M --> 1416 --> 1971 + 16 = 1987

579 için; Sayı Farkı; 21

M-H --> 1987 --> 1300 + 87 + 21 = **1408**

H-M --> 1408 --> 1979 + 08 = 1987

584 için; Sayı Farkı; 16

M-H --> 1987 --> 1300 + 87 + 16 = **1403**

H-M --> 1403 --> 1984 + 03 = 1987

Tablo 131

*İşte hepsi bu kadar..

140

BU DA BİZDEN BİLİMSEL! KIYAMET ALAMETLERİ;

*Aslında geleceği gören o kahinlerden falan değiliz.Zaten olmayada hiç niyetim yok.Ama etrafta dolanan bol bol kahinleri görünce,benimde aklıma <"..acaba bilimsel yollardan,bir takım hesaplamalar yapılarak,böyle şeyler yapılabilir mi?"> diye düşündüm.

Hani şöyle cifr,mifr hesaplamaları yapıpta,<şöyle olacak-böyle olacak>diyenler vardır ya,işte belki <onlar gibi yetenekli olmayabilirim ama>,normal bir insanın dahi yapabileceği kolay bazı matematiksel sonuçları burada ortaya koyabilirim diye düşündüm..Aslında bunu matematiğin klasikleşmiş çarpma-toplama-çıkarma-bölme işlemlerini bilen herkes yapabilir.O kadar zor bir şeyde değildir..

Merak olsun diye,bakın nasıl hesaplamalar yaptım;

Bazı hadislerde şöyle geçmektedir;

("-Yıldızlar düşmeye,güneşin ışığı azalmaya başlayacaktır.")

("-Eğer ümmetim doğru yol üzerinde olsa,ona 1 gün var.Eğer doğru yoldan saparsa ona yarım gün vardır.Bir gün,Allah,ın yanında 1000 senedir.")

("-Benden sonra ümmetim,bin beş yüz(1500) seneyi geçmez..")

Küçük Bir Hesap:

"Hiç lafı fazla uzatmadan,şöyle küçük bir hesap yaparsak eğer,şu tarihleri bulabiliriz;

*Hadiste,(benden sonra) kelimesi geçtiği için,bu doğal olarak Hz.Peygamber(sav)in vefat tarihi olmalıdır; (632) O,tarihten günümüze kadar,(takvimlerde zaman zaman yapılan değişikleri saymazsak eğer);

141

2009 - 632 = 1377 yıl geçmiştir denebilir.

Ümmetin yaşamı 1500 seneyi aşmayacağına göre, daha önümüzde;

1500 - 1377 = 123 yıl vardır demektir.

Buda kaba bir hesapla,günümüzden 123 yıl sonraki;

2009 + 123 = 2132 yılı bulunmuş olunur.

Tablo 132

Hicri takvime göre bu,tahminen 1553. Bundan birkaç sene sonrada kafirlerin öleceği;40 yıl sonrada kıyametin kopacağını kabaca hesaplarsak eğer (ki bu bir kaç yıldan,ne kadar yıl olarak bahsedilmediğinden) önce kıyamet zamanını buluruz.

1553 + 40 = 1593 / 2132 + 40 = 2172 buluruz.

Bu tarihlere, o birkaç yıllar olan 3-5 / 10 sayı yıllarını tahmini olarak eklersek;

Hicri   : 1593 + 3 / 5 / 10 = 1596 / 1598 / 1603 ile-

Miladi : 2172 + 3 / 5 / 10 = 2175 / 2177 / 2182 tarihleri bulunur.

"123 yıl sonraki 2132,yi sabitlersek ve Mehdi(as) 40 sene hüküm sürecekse eğer;

2132 - 40 = 2092,de Mehdi,nin zuhuru;

40 yaşında ise;

2092 - 40 = 2052 doğumunu buluruz.

Tablo 133

Hz.İsa(as) ile Hz.Mehdi(as)ların vefatlarından sonra müslümanlarca bu tarihten önce defnedilecekleri rivayet olduğu için,tabii ki bu hesaplamalarda da hata,yanlış ve yanılma paylarıda olabilir.

Bazı rivayet hadislerine göre;Mehdi(as) 40 yaşında ortaya çıkacak,40 yıl hüküm sürecektir. Hz.İsa(as)nın da ~45 yıl hizmet edeceği belirtiliyor. Mehdi(as),İsa(as) ile beraber,~7 / 9 yıl İslam,a hizmet ettikten ve Hz.İsa(as)nın da bu tarihten 36/38 yıl sonra vefat edecekleri ve müslümanlarca defnedilecekleri rivayettedir.

40 + 45 = 85 toplam hizmet süreleri..

85 - 7 = 78 /

85 - 9 = 76 yıllar ise geriye kalan hizmet süreleri..

2079 - 2009 = 70 yıl daha var dersek eğer,toplam hizmet sürelerinden,bu kalan süreyi çıkarırsak;

85 - 70 = 15 --> 2009 - 15 = 1994

78 - 70 = 8 --> 2009 - 8 = 2001

76 - 70 = 6 --> 2009 - 6 = 2003 / 2009 - 10 = 1999 yılların birinden,günümüzden önce Mehdi(as)nin ortaya çıkmış olabileceğini tespit edebiliriz..

Tablo 134

"Bazı İslam alimleri,kıyamet alametlerinin büyük bir çoğunluğu 1400 ile 1500(1979-2079) tarihleri arasında beklediklerini ifade ederken,bazı alimlere göreyse bu (1300<1879>) tarihinde başlıyor. 1300 tairihi,bazı küçük alametlerin(icatlar,savaşlar,özgürlükler vs) bu yüzyıldan itibaren başladığı nedeniyle doğru olabilir.

Henüz büyük alametler ortaya çıkmamasına ve Mehdi(as) bu alametlerden olmasına rağmen;kimilerine göre çıkmış fakat henüz vakti gelmediği için saklanmaktadır kimilerine göre çıkmamış kimilerine göre isede hiç çıkmayacaktır,insanlar boşuna beklemektedir.

*Birde bir hadiste,("-Eğer ümmetim doğru yol üzerinde olsa,ona 1 gün var.Eğer doğru yoldan saparsa ona yarım gün vardır.Bir gün,Allah,ın yanında 1000 senedir.")denmişti..

Eğer Yüce Allah,ın yanında 1 gün, 1000 sene ise;

144

SENİN DOĞUM GÜNÜN NEDİR?

1	gün	1000
10	"	10.000
100	"	100.000
1000	"	1.000.000
1500	"	1.500.000 sene olur.

Tablo 135

Şu muazzamlığa bakar mısınız! Fakat,bazı alimler;dünyadaki 1000 senenin Allah,ın yanında 1 gün olduğunu;Allah,ın yanındaki 1 günün ise dünya(insan) için 1000 sene olduğunu belirtmektedirler.

İşte hepsi bu kadar. Bir daha ki yazılarım ile görüşmek üzere. Sevgi ve saygılarımla. E.Y.

KAYNAKLAR

Bu çalışmada "kaynak" olarak,(sadece **"takvim tarihi"** ile ilgili bir araştırmayı) kullandım. Ve kaynağın ismini de zaten yazının **"en sonuna"** ekledim.

Onun haricinde ,(bu çalışma ,tamamen bana aittir.) Bu çalışmayı 2007-2010 tarihleri arasında ,azimli bir çalışma ile yaptım. Ve verilen herhangi bir tarihin "gününü bulma" yollarını,işte bu şekilde "formüller ve tablolar" ile kısaltmaya çalıştım.

SENİN DOĞUM GÜNÜN NEDİR?

İÇİNDEKİLER

Senin doğum günün ne?
Biyografi ve Özet
Dizin

1.Bölüm
Giriş
Gün Bulma uygulamaları
Önce Meraklanmak..
Miladi Takvimin Tarihi..
Takvim evrelerinin hesaplanması (Eklemeler)
Önemli notlar
Nasıl Bulmuştum?
Takvim yaprakçığında,"gün bulma tablosu."
Benzer tabloların olması durumu.
Nüfus cüzdanlarına (kimliklere) eklenmesi gerekenler.
Kim yada kimler,doğduğu günü tam olarak biliyor?

2.Bölüm
Takvim cetveli hesaplamaları
İşte Takip Ettiğim Yol
İlk farkettiğim şey
2006 yılının sıralaması şöyle idi
2004 yılının sıralaması şöyleydi
2003 yılının sıralaması şöyleydi
2000 yılının sıralaması şöyleydi;
Yılların Ay Sıralaması
Sabit Ay sıralaması (SAs)
Sabit Ay (SA)
Peki bunu nasıl yapacaktım?
Şimdi Formül ve Hesap Zamanı..
2007 Tablo Çizelgesi
Yıl Verilmeden<Gün-Ay-Gün İsmi>İle Tablo Çizme ve Gün Bulma
Kullanımı ise şöyledir
Peki ,"SA" neydi?

Bu verilen tarih,hangi yıla aitti?

Pratik Bir Yo

Günleri 1 ile 7 arasında bir sayıya indirgemek

Asıl Şimdi "Yüzyıllar Takvim Cetveli"ni Bulma Zamanı

Şubat Ayının Farkı

Yeni bir SAs hazırlamak

YENİ SAs (Sabit Ay sıralaması)

İşte yeni SAs kısaltmalarımız

İşte,yüz yıllara ait ilk "Yüzyıl Genel Tablosu (YGT)"

İşte hiç değişmeyen,29 çeken yıllar. (Son iki rakamına göre)

Yılların Gruplanması (YG)

1.10 SA Çizelgesi

Tam SAs Tablosu (TST)

Yüzyıllar Tablosu (YYT)

Yüzyıllar Takvim Cetveli (YTc)

Dahada Basite İndirgemek

Mantık Yürütme 1

Mantık Yürütme 2

YTc Akıldan Yürütme ("is" ve "ss")

19. Asır (yüzyıl)

"Sabit Aylarından" oluşan bu "İlk sıra sayı düzeni"

19.asır SA Bulma Tablosu

Son sayının (ss) sıralanışı. ("ss" sayı dizimi.)

"Gün Bulma" formül hesaplamaları

Önce Tablo ile "Sabit Ay" Bulunur:

Sonra işlem yaparak (formül ile),gün bulunur

TST sırası sabit harfler ve sayıları

Bir Hesap

19.04.1954 tarihinin günü nedir?

12.09.1980 tarihinin günü nedir?

Peki diğer asırlar?

İşte,20.yüzyılın (asrın) tablosu

Bir Hesap

12.09.2007 tarihinin günü nedir?

10.11.2010 tarihinin günü nedir?

Yüzyıllarda "Asır" Atlaması

"Sabit Ay" sıra sayı düzeninde "sayı atlamaları"

SENİN DOĞUM GÜNÜN NEDİR?

(Yüzyıllarda Asır Atlaması)
Yüzyılların harflendirilmesi
Asır Bilmecesi. (Yanlış inanışlar)
Formülü "Akılda Tutmaya Kadar" İndirgeme Formülü
"19.YY" ile ilgili "SAssd rakamlarını" kafadan bulma yolu.
Yılların son sayılarını (ss) dizmede,kafadan bulma yolu
Akıldan Yapmak İçin Bir Örnek Tablosu
AKILDAN YAPMA FORMÜLÜ
Örnekler
13 Temmuz 1954 yılının günü nedir?
Şubat ayı 29 çeken yıllar
Zihinden "gün bulma" işlemi
Daha da kısa anlatalım
Gün bulma cetvel tablosu

3.Bölüm
Bazı enteresan hesaplamalar
"Takvim Cetveli" sisteminin,(DNA ve ATOM) sistemlerine olan benzerliği
HİCRİ VE MİLADİ TAKVİMLERİN BİRBİRLERİNE ÇEVRİLMESİ:
Şimdi Burdan Başlayalım; (Temel İlkeler)
Hicri takvim başlangıçlarını (571) olarak ele alırsak eğer;
Karşılaştırmalı Yıl Takvimleri
HESAPLAMA YÖNTEMİ FORMULÜ
Formüllenme Yolu
Sayı Farkı sonucunu (SFs) ekleme
Karşılaştırmalı tablo çizelgesi.
(571,579 ve Rumi 584 Hicri Takvim Başlangıçlarına ait)
Miladiden Hicriye Geçiş
Verilen Miladi Yıl (VMY)
Hicriden Miladiye Geçiş :
Verilen Hicri Yıl (VHY)
Bu da bizden kıyamet alametleri

Kaynaklar
İçindekiler
Dizin

SENİN DOĞUM GÜNÜN NEDİR?

* İyi gün bulmalar. *

Ertuğrul Yıldırım

www.ingramcontent.com/pod-product-compliance
Lightning Source LLC
Chambersburg PA
CBHW041241200526
45159CB00028B/20